中等职业教育大数据技术应用专业系列教材

Pandas数据处理

PANDAS SHUJU CHULI

U0184446

主　编　岑远红　　刘　学

副主编　李　娟　　徐　玲　　邓利平　　赵若馨

参　编　李孝臣　　周　洋　　徐　涛　　胡元蓉　　刘　铁　　丁丽丽

主　审　李巧玲　　武春岭

重庆大学出版社

图书在版编目(CIP)数据

Pandas数据处理 / 岑远红,刘学主编. -- 重庆:
重庆大学出版社,2022.3
中等职业教育大数据技术应用专业系列教材
ISBN 978-7-5689-3022-2

Ⅰ.①P… Ⅱ.①岑… ②刘… Ⅲ.①数据处理—中等
专业学校—教材 Ⅳ.①TP274

中国版本图书馆CIP数据核字(2021)第242734号

中等职业教育大数据技术应用专业系列教材

Pandas 数据处理

主 编 岑远红 刘 学
责任编辑:章 可 版式设计:章 可
责任校对:谢 芳 责任印制:赵 晟

*

重庆大学出版社出版发行
出版人:饶帮华
社址:重庆市沙坪坝区大学城西路21号
邮编:401331
电话:(023)88617190 88617185(中小学)
传真:(023)88617186 88617166
网址:http://www.cqup.com.cn
邮箱:fxk@cqup.com.cn(营销中心)
全国新华书店经销
重庆华数印务有限公司印刷

*

开本:787mm×1092mm 1/16 印张:16 字数:401千
2022年3月第1版 2022年3月第1次印刷
ISBN 978-7-5689-3022-2 定价:48.00元

　　本教材以数据处理的岗位职业能力要求为标准、以培养学生数据处理能力为目标、坚持"做中学"思想、以案例分析为主体进行编写。学生学完本教材的内容，能掌握 pandas 模块中的常用函数和对象的使用方法，能用 pandas 编写程序解决简单问题，拥有基本的数据处理能力，为后续课程的学习奠定基础。

　　本教材分为处理单个数据框、清洗数据、分组统计数据、从多个数据框获取信息、改变数据框结构、绘制图表、处理时间序列、综合应用 8 个项目，共 17 个任务，按由浅入深、由易到难的顺序编排学习任务，涵盖了 pandas 数据结构、数据存取、查询与筛选、字符串处理、数据清洗与转换、分组聚合、数据合并、数据重构和数据可视化等内容。教材在板块设置上，除了通过"解题思路""代码分析"及"优化提升"3 个栏目分析数据处理的思路外，还提供"技术全貌"栏目介绍相关内容的全部知识，便于学生在学习和练习过程中查阅，通过"一展身手"栏目让学生在理解案例内容后，能够举一反三。最后的"阅读有益"栏目让学生从计算机行业的名家、名作、名企的故事中感受计算机科学技术的魅力，从前辈们追求创新造福人类的精神中感悟人生价值，让本教材成为思政教育的重要阵地。

　　本教材具有以下特点：

　　1. 坚持"做中学"思想

　　教材以情境学习和问题导向学习理论为指导，不单独讲解理论知识，而以具体程序实例为载体，将 pandas 各函数和对象的使用方法融入其中，做到"在处理数据的实践中学习数据处理"，让学生能更高效地学会函数和对象的使用方法，更重要的是学会用"死"知识解决实际工作中的"活"问题。

　　2. "可视化"程序执行的细节

　　学习用 pandas 处理数据的难点是熟悉各函数或方法返回数据的结构。为了突破这个难点，"代码分析"栏目使用了大量的图表，将程序执行过程中产生的大量中间结果展示出来，让数据处理过程的每一个细节都清晰展现到学生面前，帮助学生把握数据处理的来龙去脉。

　　3. 教材融入了课程思政的内容

　　教材中的"阅读有益"栏目帮助学生树立学习目标并做好职业生涯规划，用榜样引导学生前行。同时，这些内容还体现了中国技术，传递了文化自信，以润物细无声的方式促进学生思想政治素养的提升。

　　4. 教材的开发体现"三教改革"的要求

　　一是在内容上以企业对程序设计人员的要求为标准，与企业的工作岗位、工作内容紧密结合。二是完全对接 Python 程序设计 1+X 职业技能等级证书的内容，做到课证融通。三是与高职阶段的数据处理课程无缝衔接，便于学生继续学习。

5. 教材编写加入企业及高校专家团队

一是引入企业程序设计部的主管指导和参与教材编写，落实企业工作岗位要求。二是引入高职学校教师参与教材编写，实现中高职相关教学内容有机衔接。三是引入国家教学名师、国家精品课程负责人、国家教学成果一等奖主持人审核教材内容，确保教材内容的科学性。

6. 教材配套了丰富的资源

本教材配套有教案、PPT 课件、成体系建设的微课等教学资源，便于老师和学生学习和借鉴。

本教材各项目内栏目的构成及功能如下：

【项目目标】展示项目学习的知识、技能、思政目标。

【问题描述】描述活动要解决的具体问题。

【题前思考】引导学生思考解决问题的基本思路。

【解题思路】提示解决问题的关键线索。

【程序代码】展示程序源代码。

【代码分析】分析讲解程序代码。

【技术全貌】展示与案例相关的拓展内容。

【一展身手】引导学生设计算法。

【项目小结】回顾项目所学内容。

【自我检测】检测学习效果。

【阅读有益】提升学生的思想政治素养。

【项目评价】评价项目目标的达成情况。

本教材由岑远红、刘学担任主编，李娟、徐玲、邓利平、赵若馨担任副主编，具体的编写分工如下：重庆市九龙坡职业教育中心徐玲老师编写项目一，赵若馨老师编写项目二，刘学老师编写项目三、项目四，岑远红老师编写项目五和项目七，李娟老师编写项目八，西华师范大学计算机学院邓利平老师编写项目六。本教材还得到了李孝臣、周洋、徐涛、胡元蓉、刘铁、丁丽丽的支持，参与研讨三级目录、撰写活动案例、编写和测试源代码等。全书由岑远红老师和刘学老师共同统稿、定稿。本书由李巧玲和武春岭担任主审。

本教材还得到了中教畅享（北京）科技有限公司经理李孝臣先生、重庆迈远科技有限公司总经理周洋先生及重庆装网科技有限公司总经理徐涛先生的大力支持。

由于作者水平有限，书中难免会有不足之处，热切期望得到专家和读者的批评指正。

编　者

2021 年 9 月

目 录

CONTENTS

项目一 处理单个数据框

项目描述

在学习和工作中，我们经常会使用表格来统计、分析数据。pandas 是 Python 为了解决数据分析任务而创建的一种工具，它提供了大量快速、便捷地处理数据的函数和方法，可以大批量、高效地分析和处理数据。pandas 主要包含两种数据类型：Series（序列）和 DataFrame（数据框）。Series 是一维数据结构，是由一组数据以及一组与之相关的数据标签（即索引 Index）组成。DataFrame 是二维数据结构，具有两个不同的索引，既有行索引也有列索引，包含一组有序的列，每列可以是不同的数据类型（数值、字符串、布尔型等）。DataFrame 是广泛使用的 pandas 数据结构，是被定义为存储数据的标准方式。在 pandas 中常使用列表和字典创建 DataFrame，也可以将其他文件转换为 DataFrame。在 DataFrame 中，可以根据需求选择、统计、查询、排序、提取、筛选数据。

项目目标

知识目标：
能列举 pandas 的两种数据类型；
能描述创建数据框的方法；
能描述计算总和、平均值、最大值和最小值的方法；
能描述 sort_values( )、head( )、query( ) 的作用；
能列举处理字符串的常用方法。

技能目标：
能按要求创建数据框；
能按要求用 iloc、loc 选择数据；
能按要求统计数据；
能用 sort_values( ) 对数据进行排序；
能按要求用 query ( ) 筛选数据；
能使用 str 属性和正则表达式处理、匹配和提取字符串数据。

思政目标：
培养利用程序设计技术服务社会的理念。

任务一　统计数据框中的数据

pandas 中的 DataFrame 是一个表格型的数据结构，常使用列表和字典创建数据框，或者通过读取外部 Excel 文件和 csv 文件转换成 DataFrame。统计数据框中的数据时，用 iloc、loc 属性查询数据，用 replace( ) 方法替换数据，用 sum( ) 方法、mean( ) 方法、max( ) 方法和min( ) 方法分别计算总和、平均值、最大值和最小值，用 sort_values( ) 方法对数据进行排序，用 astype( ) 方法强制转换数据类型，用 head( ) 方法读取前几条数据。

  创建学生成绩表

【问题描述】

创建一个学生成绩表，学科有"shuxue""yuwen""yingyu""shengwu"。

• 输出结果：

输出结果见表 1-1-1。

表 1-1-1　学生成绩表

		shuxue	yuwen	yingyu	shengwu
banji1	XiaoMing	95	99	89	60
	HanHan	77	56	68	58
banji2	GeYou	92	88	29	98
	FengGong	22	54	73	62

【题前思考】

根据问题描述，填写表 1-1-2。

表 1-1-2　问题分析

问题描述	问题解答
学生成绩表有几行几列	
表的列名和行名分别是什么，数据有哪些	
怎样创建学生成绩表	

【操作提示】

将表中的成绩数据存入一个列表中，调用 pandas.DataFrame( ) 创建数据框对象，用列表作为第一个参数，表示数据框的数据，用参数 columns 指定列索引即各列的名称，用参数 index 指定行索引即各行的名称。

【程序代码】

```
import pandas as pd
```

①

```
d = [
    [95,99,89,60],
    [77,56,68,58],
    [92,88,29,98],
    [22,54,73,62]
]                                                                          ②
data = pd.DataFrame(d,columns = ['shuxue','yuwen','yingyu','shengwu'],index =
[['banji1','banji1','banji2','banji2'],['XiaoMing','HanHan','GeYou','FengGong']])      ③
print(data)
```

【代码分析】

①：将 pandas 模块以 pd 为别名导入，因为 pandas 是 Python 的第三方库，所以使用前需要用命令 pip install pandas 进行安装。

②：创建一个列表存放各科成绩。列表中的每一项又是一个列表，代表了一名学生各学科的成绩。

③：调用 pd. DataFrame ( ) 创建数据框对象。第一个参数 d 表示数据框数据，因为数据框是二维的，所以列表 d 也是二维的，列表中的每一项又是一个列表，表示一行数据，且每行数据的个数是相同的。关键字参数 columns = ['shuxue','yuwen','yingyu','shengwu'] 用于指定列索引，即各列的名称，这个参数要求传入一个列表，且列表长度与每一行的数据个数相同。关键字参数 index = [['banji1','banji1','banji2','banji2'],['XiaoMing','HanHan','GeYou','FengGong']] 用于指定行索引，即每行的名称，因为表中每一行有两个名称，所以是一个两级索引，传入的列表也是一个二维列表，每一行表示一个级别的索引，不管哪一级索引，其数量都与数据框的行数相同。

【优化提升】

除了使用列表外，还可以用字典来创建数据框。字典的一项对应数据框的一列，键表示列索引标签即列名，值则对应这一列的数据，仍然用关键字参数 index 指定行索引，代码如下：

```
import pandas as pd
d={'shuxue':[95,77,92,22],'yuwen':[99,56,88,54],'yingyu':[89,68,29,73],
    'shengwu':[60,58,98,62]}
data=pd.DataFrame(d,index=[['banji1','banji1','banji2','banji2'],['XiaoMing','HanHan',
'GeYou','FengGong']])
print(data)
```

一展身手

创建一个商品价目表，结果见表 1-1-3。

表 1-1-3　商品价目表

名称	原价	折扣价	数量
可爱多	5.0	4.0	8
奶茶	10.0	8.0	5
巧克力棒	9.0	7.2	2
薯片	7.0	5.5	3

微课

活动二　统计各学科的得分信息

【问题描述】

读入 Excel 文件"2019 级大数据 1 班学生成绩表 .xlsx",数据见表 1-1-4,在 2019 级大数据 1 班学生成绩表中,完成如下操作:

(1) 修改龚林的名字为龚琳。

(2) 将请假的考试科目计 0 分,见表 1-1-4 中加框的数据。

(3) 求出各同学的总分,并按照总分从高到低排序。

(4) 在每列的最后分别求出各科的平均分、最高分、最低分。

表 1-1-4　2019 级大数据 1 班学生成绩表

班级	姓名	语文	数学	英语	C 语言	VF	表格处理	总分
2019 级大数据 1 班（计算机应用高职）（秋）	凌尚坤	71	请假	请假	89	92	92	NaN
2019 级大数据 1 班（计算机应用高职）（秋）	巫凌英	63	86	83	91	91	96	NaN
2019 级大数据 1 班（计算机应用高职）（秋）	赖程	67	81	70	96	99	96	NaN
2019 级大数据 1 班（计算机应用高职）（秋）	龚林	67	80	90	93	85	92	NaN
…	…	…	…	…	…	…	…	…
2019 级大数据 1 班（计算机应用高职）（秋）	辛志鹏	72	30	53	56	79	92	NaN
2019 级大数据 1 班（计算机应用高职）（秋）	钟福建	50	10	61	37	63	75	NaN
2019 级大数据 1 班（计算机应用高职）（秋）	于钊颖	24	47	43	46	55	74	NaN

- **输出结果:**

输出结果见表 1-1-5。

表 1-1-5　2019 级大数据 1 班学生成绩表

班级	姓名	语文	数学	英语	C 语言	VF	表格处理	总分
2019 级大数据 1 班（计算机应用高职）（秋）	巫凌英	63.00	86.00	83.00	91.00	91.00	96.00	510.00
2019 级大数据 1 班（计算机应用高职）（秋）	赖程	67.00	81.00	70.00	96.00	99.00	96.00	509.00
2019 级大数据 1 班（计算机应用高职）（秋）	龚琳	67.00	80.00	90.00	93.00	85.00	92.00	507.00

续表

班级	姓名	语文	数学	英语	C语言	VF	表格处理	总分
…	…	…	…	…	…	…	…	…
2019级大数据1班（计算机应用高职）（秋）	牟平	0.00	0.00	0.00	0.00	0.00	0.00	0.00
	平均分	59.85	64.46	67.37	76.26	76.37	92.37	436.67
	最高分	78.00	96.00	90.00	97.00	99.00	100.00	510.00
	最低分	0.00	0.00	0.00	0.00	0.00	0.00	0.00

【题前思考】

根据问题描述，填写表1-1-6。

表1-1-6 问题分析

问题描述	问题解答
怎样读入Excel文件中的数据	
怎样查找、修改数据	
怎样计算总分、平均分、最高分、最低分以及排序	

【操作提示】

此任务涉及Excel数据表的读入和数据计算，需要分别用pip install openpyxl和pip install numpy安装第三方库。使用pd.read_excel(r"文件保存路径")将Excel工作表中的数据读入DataFrame，用iloc查询数据，用replace替换数据，用numpy.sum( )、numpy.mean( )、numpy.max( )和numpy.min( )分别计算总分、平均分、最高分和最低分，使用sort_values对数据进行排序。

【程序代码】

```
import pandas as pd
import numpy as np                                                    ①
data = pd.read_excel(r"D:\pydata\项目一\2019级大数据1班学生成绩表.xlsx")  ②
data.iloc[3,1]="龚琳"                                                  ③
data.replace("请假",0,inplace=True)                                    ④
data["总分"]=data.iloc[:,2:].apply(np.sum,axis=1)                       ⑤
data.sort_values(by="总分",ascending=False,inplace=True)               ⑥
data=data.append(round(data.loc[:,"语文":"总分"].apply([np.mean,np.max,np.min],
axis=0),2),ignore_index=True)                                         ⑦
data.iloc[-3:,1]=["平均分","最高分","最低分"]                            ⑧
data.iloc[-3:,:1]=""                                                   ⑨
print(data)
```

【代码分析】

①：将numpy模块以np为别名导入，因为numpy是Python的第三方库，所以使用前

需要用命令 pip install numpy 进行安装。

②：调用 pd.read_excel( ) 函数读入 Excel 文件"2019 级大数据 1 班学生成绩表 .xlsx"中的数据，函数执行后会返回包含 Excel 文件数据的数据框，赋值给变量 data。pd.read_excel( ) 函数会使用第三方模块 openpyxl，所以需要提前使用命令 pip install openpyxl 安装该模块。

③：使用 iloc 属性定位第 4 行第 2 列（行、列下标从 0 开始）的数据，并将其修改为"龚琳"。iloc 使用下标定位数据，方括号中的值必须为整数。iloc[3,1] 中第一个下标表示行下标，第二个下标表示列下标，都是从 0 开始计数，所以行下标 3 表示第 4 行，列下标 1 表示第 2 列。

④：使用 replace 函数将数据框中的值"请假"替换为 0，inplace 表示是否在原数据上修改，默认为 False，表示不修改原数据， 设置为 True 则会修改原数据。修改之后的数据框见表 1-1-7，请对比该表与表 1-1-4 中加边框处的数据。

表 1-1-7　用 0 替换"请假"

班级	姓名	语文	数学	英语	C 语言	VF	表格处理	总分
2019 级大数据 1 班（计算机应用高职）（秋）	凌尚坤	71	0	0	89	92	92	NaN
2019 级大数据 1 班（计算机应用高职）（秋）	巫凌英	63	86	83	91	91	96	NaN
2019 级大数据 1 班（计算机应用高职）（秋）	赖程	67	81	70	96	99	96	NaN
2019 级大数据 1 班（计算机应用高职）（秋）	龚林	67	80	90	93	85	92	NaN
…	…	…	…	…	…	…	…	…
2019 级大数据 1 班（计算机应用高职）（秋）	辛志鹏	72	30	53	56	79	92	NaN
2019 级大数据 1 班（计算机应用高职）（秋）	钟福建	50	10	61	37	63	75	NaN
2019 级大数据 1 班（计算机应用高职）（秋）	于钊颖	24	47	43	46	55	74	NaN

⑤：计算每个学生各科的总分并赋值给"总分"列。

• data.iloc[:,2:]表示选择所有行(行切片":"表示所有行)从第3列开始到最后的所有列(列切片"2:"表示从第3列开始到最后的所有列)。选取结果见表 1-1-8。

表 1-1-8　data.iloc[:,2:] 选取的数据框

语文	数学	英语	C 语言	VF	表格处理	总分
63	86	83	91	91	96	NaN
67	81	70	96	99	96	NaN
67	80	90	93	85	92	NaN
…	…	…	…	…	…	…
50	10	61	37	63	75	NaN
24	47	43	46	55	74	NaN
0	0	0	0	0	0	NaN

• apply(np.sum,axis=1)表示使用 apply( )方法对每一行的数据求总和，即计算总分。其中，第一个参数 np.sum（求总和函数）是要应用到数据框每一行数据的函数，即以每一行的数据为参数求总和。axis 表示方向，0 表示纵向求和，1 表示横向求和。最后将求得的和赋给"总分"列，结果见表 1-1-9。

表 1-1-9　计算总分

班级	姓名	语文	数学	英语	C 语言	VF	表格处理	总分
2019 级大数据 1 班（计算机应用高职）（秋）	凌尚坤	71	0	0	89	92	92	344.0
2019 级大数据 1 班（计算机应用高职）（秋）	巫凌英	63	86	83	91	91	96	510.0
2019 级大数据 1 班（计算机应用高职）（秋）	赖程	67	81	70	96	99	96	509.0
…	…	…	…	…	…	…	…	…
2019 级大数据 1 班（计算机应用高职）（秋）	辛志鹏	72	30	53	56	79	92	382.0
2019 级大数据 1 班（计算机应用高职）（秋）	钟福建	50	10	61	37	63	75	296.0
2019 级大数据 1 班（计算机应用高职）（秋）	于钊颖	24	47	43	46	55	74	289.0

⑥：使用 sort_values 进行排序，by 指定按照"总分"排序，ascending 默认为 True 表示升序排序，False 表示降序排序，inplace 设置为 True 则表示会修改原数据。排序结果见表 1-1-10。

表 1-1-10　按照总分降序排序

班级	姓名	语文	数学	英语	C 语言	VF	表格处理	总分
2019 级大数据 1 班（计算机应用高职）（秋）	巫凌英	63	86	83	91	91	96	510.0
2019 级大数据 1 班（计算机应用高职）（秋）	赖程	67	81	70	96	99	96	509.0
2019 级大数据 1 班（计算机应用高职）（秋）	龚琳	67	80	90	93	85	92	507.0
…	…	…	…	…	…	…	…	…
2019 级大数据 1 班（计算机应用高职）（秋）	钟福建	50	10	61	37	63	75	296.0
2019 级大数据 1 班（计算机应用高职）（秋）	于钊颖	24	47	43	46	55	74	289.0
2019 级大数据 1 班（计算机应用高职）（秋）	牟平	0	0	0	0	0	0	0.0

⑦：计算各科的统计值并添加到数据框的末尾。

• data.loc[:," 语文 ":" 总分 "] 表示使用 loc 属性选择"语文"到"总分"之间的所有列。loc 属性使用索引标签定位数据，而 iloc 使用行列序号定位数据。loc 属性定位数据时要包括切片的左、右边界，而 iloc 定位数据不包括切片的右边界。选取之后的结果见表 1-1-11。

表 1-1-11　data.loc[:," 语文 ":" 总分 "] 选取的数据框

语文	数学	英语	C 语言	VF	表格处理	总分
63	86	83	91	91	96	510.0
67	81	70	96	99	96	509.0
67	80	90	93	85	92	507.0
…	…	…	…	…	…	…
50	10	61	37	63	75	296.0
24	47	43	46	55	74	289.0
0	0	0	0	0	0	0.0

• apply([np.mean,np.max,np.min],axis=0) 表示对每一列数据应用函数进行统计。关

键字参数 axis=0 表示将函数应用到每一列数据，即用每一列数据作为参数调用函数。[np. mean,np.max,np.min] 表示对每一列依次应用 np.mean( )、np.max( ) 和 np.min( ) 求出平均分、最高分和最低分，结果见表 1-1-12。

表 1-1-12   apply([np.mean,np.max,np.min],axis=0) 的执行结果

	语文	数学	英语	C 语言	VF	表格处理	总分
mean	59.847 826	64.456 522	67.369 565	76.26 087	76.369 565	92.369 565	436.673 913
amax	78.000 000	96.000 000	90.000 000	97.000 00	99.000 000	100.000 000	510.000 000
amin	0.000 000	0.000 000	0.000 000	0.000 00	0.000 000	0.000 000	0.000 000

• round(apply([np.mean,np.max,np.min],axis=0),2) 表示对 apply([np.mean,np.max,np. min],axis=0) 求出的数据框中的每一个值四舍五入保留两位小数，结果见表 1-1-13。

表 1-1-13   round( ) 函数的执行结果

	语文	数学	英语	C 语言	VF	表格处理	总分
mean	59.85	64.46	67.37	76.26	76.37	92.37	436.67
amax	78.00	96.00	90.00	97.00	99.00	100.00	510.00
amin	0.00	0.00	0.00	0.00	0.00	0.00	0.00

• ignore_index 表示忽略被添加行的索引 ['mean', 'amax', 'amin']。append( ) 方法返回添加行以后的数据框，但原数据框并不发生改变，所以需要将返回值赋给变量 data，才能保存计算结果。最后得到的数据框见表 1-1-14。

表 1-1-14   计算各科平均分、最高分、最低分

班级	姓名	语文	数学	英语	C 语言	VF	表格处理	总分
2019 级大数据 1 班（计算机应用高职）（秋）	巫凌英	63.00	86.00	83.00	91.00	91.00	96.00	510.00
2019 级大数据 1 班（计算机应用高职）（秋）	赖程	67.00	81.00	70.00	96.00	99.00	96.00	509.00
2019 级大数据 1 班（计算机应用高职）（秋）	龚琳	67.00	80.00	90.00	93.00	85.00	92.00	507.00
…	…	…	…	…	…	…	…	…
2019 级大数据 1 班（计算机应用高职）（秋）	牟平	0.00	0.00	0.00	0.00	0.00	0.00	0.00
NaN	NaN	59.85	64.46	67.37	76.26	76.37	92.37	436.67
NaN	NaN	78.00	96.00	90.00	97.00	99.00	100.00	510.00
NaN	NaN	0.00	0.00	0.00	0.00	0.00	0.00	0.00

⑧：使用 iloc 属性将最后三行第二列的数据依次修改为"平均分""最高分"和"最低分"。在行切片中"-3"表示倒数第 3 行，"-3："表示从倒数第 3 行开始到最后一行，即最后三行。修改结果见表 1-1-15。

表 1-1-15　成绩表处理结果

班级	姓名	语文	数学	英语	C 语言	VF	表格处理	总分
2019 级大数据 1 班（计算机应用高职）（秋）	巫凌英	63.00	86.00	83.00	91.00	91.00	96.00	510.00
2019 级大数据 1 班（计算机应用高职）（秋）	赖程	67.00	81.00	70.00	96.00	99.00	96.00	509.00
2019 级大数据 1 班（计算机应用高职）（秋）	龚琳	67.00	80.00	90.00	93.00	85.00	92.00	507.00
…	…	…	…	…	…	…	…	…
2019 级大数据 1 班（计算机应用高职）（秋）	牟平	0.00	0.00	0.00	0.00	0.00	0.00	0.00
NaN	平均分	59.85	64.46	67.37	76.26	76.37	92.37	436.67
NaN	最高分	78.00	96.00	90.00	97.00	99.00	100.00	510.00
NaN	最低分	0.00	0.00	0.00	0.00	0.00	0.00	0.00

⑨：将第一列最后三行的 NaN 改为空字符串。最后结果见表 1-1-5。

【技术全貌】

在 pandas 中处理数据框时经常会使用到方法和属性，表 1-1-16 列举了一些常用的方法和属性，更多的内容请参考官网文档。

pandas 基本操作

表 1-1-16　pandas 中处理数据框的常用方法和属性

方法和属性	描述
loc[索引标签表示的行切片，索引标签表示的列切片]	loc 是 pandas 中用来查找、选择数据的属性，loc 使用行、列索引标签表示的行、列切片来定位数据
iloc[行列序号表示的行切片，行列序号表示的列切片]	iloc 使用行、列序号表示的行、列切片来定位数据，行号或列号从 0 开始
sort_values(by,ascending=True, inplace=True)	sort_values 方法可以对数据进行排序。 参数： by：指定排序的行或列，如果是多个行或列需要表示为列表。 ascending：按照升序排序还是降序排序，设置为 True 表示升序排序，False 为降序排序。如果对不同的行列应用不同的顺序，也需要用列表来表示排序顺序，如 [True,False,False] 表示对 by 参数中的第 1 列用升序排序，后两列用降序排序。 inplace：表示是否在原数据上修改，False 表示不修改原数据，True 则会修改原数据
drop(labels,axis=0,inplace=False)	drop 方法主要用于删除某列或某行的数据。 参数： labels：指定要删除的行或列标签。 axis：0 代表删行，1 代表删列，默认为 0。 inplace：是否在原数据上修改，False 表示不修改原数据，True 则会修改原数据，默认为 False

续表

方法或属性	描述
append(other,ignore_index=False,verify_integrity=False)	append 方法向 DataFrame 中添加新的行。 参数： other：被添加的 DataFrame、Series、dict、list。 ignore_index：默认值为 False，如果为 True 则不使用被添加对象的 index 标签。 verify_integrity：默认值为 False，如果为 True 当创建相同的 index 时会抛出 ValueError 的异常
head(n)	用于查询前 n 行数据
tail(n)	用于查询后 n 行数据
nlargest(n, columns, keep='first')	取得指定列值最大的若干行数据，降序排列。 参数： n: 取前 n 行数据。 columns: 列标签或列标签的列表，指出要求最大值的列，如果是多列则采用多关键字排序的方法进行比较 keep: {'first', 'last', 'all'}，默认为"first"，表示遇到相同值如何处理。first 表示取最先遇到的行，last 表示取最后遇到的行，all 表示所有都取
nsmallest(n, columns, keep='first')	取得指定列值最小的若干行数据，升序排列。 参数同 nlargest 的参数

一展身手

在 2019 级大数据 1 班学生成绩表的操作任务中，将程序代码里使用的 iloc 属性修改为 loc 属性，实现同样的功能。

微课

活动三 **查询总价最高的 10 个订单**

【问题描述】

在订单数据表（见表 1-1-17）中，查询总价最多的 10 个订单。

表 1-1-17 订单数据表

订单 id	数量	名称	描述	单价
1	1	Chips and Fresh Tomato Salsa	NaN	$2.39
1	1	Izze	[Clementine]	$3.39
1	1	Nantucket Nectar	[Apple]	$3.39
1	1	Chips and Tomatillo-Green Chili Salsa	NaN	$2.39
2	2	Chicken Bowl	[Tomatillo-Red Chili Salsa (Hot), [Black Beans...	$16.98
...	...	...	...	...

续表

订单id	数量	名称	描述	单价
1833	1	Steak Burrito	[Fresh Tomato Salsa, [Rice, Black Beans, Sour ...	$11.75
1833	1	Steak Burrito	[Fresh Tomato Salsa, [Rice, Sour Cream, Cheese...	$11.75
1834	1	Chicken Salad Bowl	[Fresh Tomato Salsa, [Fajita Vegetables, Pinto...	$11.25
1834	1	Chicken Salad Bowl	[Fresh Tomato Salsa, [Fajita Vegetables, Lettu...	$8.75
1834	1	Chicken Salad Bowl	[Fresh Tomato Salsa, [Fajita Vegetables, Pinto...	$8.75

- **输出结果：**

输出结果见表 1-1-18。

表 1-1-18 总价最高的 10 个订单

订单id	数量	名称	描述	单价	总价
1443	15	Chips and Fresh Tomato Salsa	NaN	44.25	663.75
1660	10	Bottled Water	NaN	15.00	150.00
511	4	Chicken Burrito	[Fresh Tomato Salsa, [Fajita Vegetables, Rice,...	35.00	140.00
1443	4	Chicken Burrito	[Fresh Tomato Salsa, [Rice, Black Beans Chees...	35.00	140.00
1559	8	Side of Chips	NaN	13.52	108.16
1398	3	Carnitas Bowl	[Roasted Chili Corn Salsa, [Fajita Vegetables,...	35.25	105.75
1443	3	Veggie Burrito	[Fresh Tomato Salsa, [Fajita Vegetables, Rice,...	33.75	101.25
178	3	Chicken Bowl	[[Fresh Tomato Salsa (Mild), Tomatillo-Green C...	32.94	98.82
511	3	Steak Burrito	[Fresh Tomato Salsa, [Fajita Vegetables, Rice,...	27.75	83.25
1443	3	Steak Burrito	[Fresh Tomato Salsa, [Rice, Black Beans, Chees...	27.75	83.25

【题前思考】

根据问题描述，填写表 1-1-19。

表 1-1-19 问题分析

问题描述	问题解答
怎样读取 csv 文件中的数据	
怎样转换"单价"数据的类型	
如何计算总价	
怎样取总价排列最高的前 10 个订单	

【操作提示】

pandas 读取 csv 文件可通过 read_csv( ) 函数来实现，将字符串类型的"单价"数据使用 astype( ) 方法强制转换成浮点型。然后利用"单价"和"数量"计算各订单的总价。最后用 sort_values( ) 方法对"总价"进行排序，用 head( ) 方法取数据表中的前 10 行数据。

【程序代码】

```
import pandas as pd
import numpy as np
data = pd.read_csv(r"D:\pydata\ 项目一 \ 订单数据表 .csv",encoding='gbk')        ①
data[" 单价 "]=data[" 单价 "].str[1:].astype(float)                              ②
data[" 总价 "]=data[" 单价 "]*data[" 数量 "]                                      ③
data.sort_values(by=" 总价 ",ascending=False,inplace=True)                     ④
data=data.head(10)                                                            ⑤
print(data)
```

【代码分析】

①：使用 read_csv( ) 函数读取 csv 文件中的数据。参数 encoding='gbk' 表示编码方式为 "gbk"，如果打开文件的编码方式与文件本身的编码方式不一致将导致文件内容不能正确解码。

②：将数据框中的 "单价" 列转换为实型，并覆盖原有列。

• 数据框的一列就是一个序列（Series），"单价" 列原为字符型，字符型序列的 str 属性可以调用 str 类方法操作字符型序列中的值。用 str 属性的切片 str[1:] 取字符串从下标 1 开始到最后一个字符的子串，相当于去掉 "$" 符号。data[" 单价 "].str[1:] 的值如下：

```
0       2.39
1       3.39
2       3.39
3       2.39
4       16.98
       ...
4617    11.75
4618    11.75
4619    11.25
4620    8.75
4621    8.75
Name: 单价 , Length: 4622, dtype: object
```

以上数据是一个序列，名称是单价，长度为 4622，类型为 object，在序列中字符类型表示为 object。数据框中的每一列都是一个序列，序列的名称就是列的索引标签。

• 调用 astype(float) 方法将上述序列转换成浮点型值，转换结果如下：

```
0       2.39
1       3.39
2       3.39
3       2.39
```

    4   16.98

         ...

    4617   11.75

    4618   11.75

    4619   11.25

    4620   8.75

    4621   8.75

Name: 单价 , Length: 4622, dtype: float64

可以看到序列的类型已经变成了 float64(64 位实型)。

• 最后将上述 float 类型的序列赋值给"单价"列，得到的结果见表 1-1-20。

表 1-1-20　转换单价数据类型

	订单 id	数量	名称	描述	单价
0	1	1	Chips and Fresh Tomato Salsa	NaN	2.39
1	1	1	Izze	[Clementine]	3.39
2	1	1	Nantucket Nectar	[Apple]	3.39
3	1	1	Chips and Tomatillo-Green Chili Salsa	NaN	2.39
4	2	2	Chicken Bowl	[Tomatillo-Red Chili Salsa (Hot), [Black Beans...	16.98
...	...	...	...	...	...
4617	1833	1	Steak Burrito	[Fresh Tomato Salsa, [Rice, Black Beans, Sour ...	11.75
4618	1833	1	Steak Burrito	[Fresh Tomato Salsa, [Rice, Sour Cream, Cheese...	11.75
4619	1834	1	Chicken Salad Bowl	[Fresh Tomato Salsa, [Fajita Vegetables, Pinto...	11.25
4620	1834	1	Chicken Salad Bowl	[Fresh Tomato Salsa, [Fajita Vegetables, Lettu...	8.75
4621	1834	1	Chicken Salad Bowl	[Fresh Tomato Salsa, [Fajita Vegetables, Pinto...	8.75

③：计算总价。data[" 单价 "]*data[' 数量 '] 计算"单价"列和"数量"列的乘积，两个序列相乘的结果，就是两个序列对应数值相乘的积构成的新序列。通过赋值，将这个序列以"总价"为列名添加到数据框的最后一列之后。结果见表 1-1-21。

表 1-1-21　计算"总价"列

订单 id	数量	名称	描述	单价	总价
1	1	Chips and Fresh Tomato Salsa	NaN	2.39	2.39
1	1	Izze	[Clementine]	3.39	3.39

续表

订单 id	数量	名称	描述	单价	总价
1	1	Nantucket Nectar	[Apple]	3.39	3.39
1	1	Chips and Tomatillo-Green Chili Salsa	NaN	2.39	2.39
2	2	Chicken Bowl	[Tomatillo-Red Chili Salsa (Hot), [Black Beans...	16.98	33.96
...	...	...	...	...	...
1833	1	Steak Burrito	[Fresh Tomato Salsa, [Rice, Black Beans, Sour ...	11.75	11.75
1833	1	Steak Burrito	[Fresh Tomato Salsa, [Rice, Sour Cream, Cheese...	11.75	11.75
1834	1	Chicken Salad Bowl	[Fresh Tomato Salsa, [Fajita Vegetables, Pinto...	11.25	11.25
1834	1	Chicken Salad Bowl	[Fresh Tomato Salsa, [Fajita Vegetables, Lettu...	8.75	8.75
1834	1	Chicken Salad Bowl	[Fresh Tomato Salsa, [Fajita Vegetables, Pinto...	8.75	8.75

④：使用 sort_values 进行排序，其中 by 指定按照"总价"排序， ascending= False 为降序排序，inplace=True 表示会修改原数据。排序结果见表 1-1-22。

表 1-1-22　按总价降序排序

订单 id	数量	名称	描述	单价	总价
1443	15	Chips and Fresh Tomato Salsa	NaN	44.25	663.75
1660	10	Bottled Water	NaN	15.00	150.00
511	4	Chicken Burrito	[Fresh Tomato Salsa, [Fajita Vegetables, Rice,...	35.00	140.00
1443	4	Chicken Burrito	[Fresh Tomato Salsa, [Rice, Black Beans, Chees...	35.00	140.00
1559	8	Side of Chips	NaN	13.52	108.16
...	...	...	...	...	...
47	1	Canned Soda	[Dr. Pepper]	1.09	1.09
87	1	Canned Soda	[Coca Cola]	1.09	1.09
188	1	Canned Soda	[Coca Cola]	1.09	1.09
1117	1	Canned Soda	[Diet Dr. Pepper]	1.09	1.09
1629	1	Bottled Water	NaN	1.09	1.09

⑤：data.head(10) 表示取数据表中的前 10 行数据。最终结果见表 1-1-18。

【优化提升】

在上述问题中，要取得某列值最大的几行数据，可以调用数据框对象的 nlargest() 方法，因为这个方法可以避免对整个数据框排序，所以速度更快。改用 nlargest() 方法后的代码如下：

```
import pandas as pd
import numpy as np
data = pd.read_csv(r"D:\pydata\ 项目一 \ 订单数据表 .csv",encoding='gbk')
data[' 总价 ']=data[" 单价 "].str[1:].astype(float)*data[' 数量 ']
data.nlargest(10,columns=' 总价 ')
```

data.nlargest(10,columns=' 总价 ') 表示取总价列值最大的 10 行数据，且结果按总价降序排列。另外，nsmallest() 用于求值最小的几行数据。

在订单数据表中，按总价升序排序后，取订单最后 10 个数据，结果见表 1-1-23。

表 1-1-23　按升序排序后的最后 10 个订单

订单 id	数量	名称	描述	单价	总价
511	3	Steak Burrito	[Fresh Tomato Salsa, [Fajita Vegetables, Rice,...	$27.75	83.25
1443	3	Steak Burrito	[Fresh Tomato Salsa, [Rice, Black Beans, Chees...	$27.75	83.25
178	3	Chicken Bowl	[[Fresh Tomato Salsa (Mild), Tomatillo-Green C...	$32.94	98.82
1443	3	Veggie Burrito	[Fresh Tomato Salsa, [Fajita Vegetables, Rice,...	$33.75	101.25
1398	3	Carnitas Bowl	[Roasted Chili Corn Salsa, [Fajita Vegetables,...	$35.25	105.75
1559	8	Side of Chips	NaN	$13.52	108.16
511	4	Chicken Burrito	[Fresh Tomato Salsa, [Fajita Vegetables, Rice,...	$35.00	140.00
1443	4	Chicken Burrito	[Fresh Tomato Salsa, [Rice, Black Beans, Chees...	$35.00	140.00
1660	10	Bottled Water	NaN	$15.00	150.00
1443	15	Chips and Fresh Tomato Salsa	NaN	$44.25	663.75

任务二　查询和筛选数据框中的数据

在实际应用中，我们会从大量数据中选择部分数据。如果数据量小，可以人工筛选或者使用 Excel 等工具。但是，数据量增大之后，Excel 的速度就会变得很慢，而且有些复杂的条件在 Excel 中无法表达。pandas 提供了非常方便、高效的工具用于在数据框中查询和筛选出符合一个或多个条件的数据。

  活动一　筛选出计算机老师

【问题描述】

在某学校五星教师培养对象参培名单（见表1-2-1）中，完成如下操作：

（1）在"备注"列填充空值为"住宿"。

（2）筛选出计算机学科的所有老师。

表1-2-1　某学校五星教师培养对象参培名单

序号	姓名	性别	任教学科	培养星级	备注
1	陈会	女	德育	教学之星	NaN
2	张丽	女	德育	教学之星	NaN
3	沈仙菊	女	英语	教学之星	不住宿
4	胡捷	女	语文	教学之星	不住宿
5	黄爱玲	女	会计	教学之星	不住宿
…	…	…	…	…	…
50	赵兰兰	女	旅游服务	育人之星	NaN
51	黄浩	男	汽车发动机	管理之星	NaN
52	黄洁	女	语文	管理之星	不住宿
53	邱向东	男	财经	管理之星	NaN
54	张春梅	女	英语	管理之星	不住宿

• **输出结果：**

输出结果见表1-2-2。

表1-2-2　筛选出的计算机老师名单

序号	姓名	性别	任教学科	培养星级	备注
19	李梅	女	计算机	技能之星	住宿
21	罗静	女	计算机	技能之星	住宿
27	苏远	男	计算机	科研之星	不住宿
32	李珊珊	女	计算机	科研之星	不住宿

续表

序号	姓名	性别	任教学科	培养星级	备注
36	吴明明	女	计算机	科研之星	住宿
38	李玉	女	计算机	育人之星	住宿
41	陈芳	女	计算机	育人之星	住宿
43	李莉	女	计算机	育人之星	住宿
45	刘俊	男	计算机	育人之星	住宿

【题前思考】

根据问题描述，填写表 1-2-3。

表 1-2-3　问题分析

问题描述	问题解答
怎样填充空值	
怎样筛选出所需数据	

【操作提示】

使用 fillna( ) 方法填充空值 NAN，用 query( ) 筛选出符合条件的数据。

【程序代码】

```
import pandas as pd
data = pd.read_excel(r"D:\pydata\项目一\某学校五星教师培养对象参培名单.xls",skiprows
    = 1)                                                                    ①
data[' 备注 '].fillna(" 住宿 ",inplace=True)                                   ②
data=data.query(" 任教学科 ==' 计算机 '")                                      ③
print(data)
```

【代码分析】

①：使用 pd.read_excel( ) 函数导入 Excel 工作表数据。

②：用 fillna( ) 方法将"备注"列的空值填充为"住宿"，因为需要在原 DataFrame 中修改，所以关键字参数 inplace 设置为 True。空值填充之后的结果见表 1-2-4。

表 1-2-4　填充空值

序号	姓名	性别	任教学科	培养星级	备注
1	陈会	女	德育	教学之星	住宿
2	张丽	女	德育	教学之星	住宿
3	沈仙菊	女	英语	教学之星	不住宿
4	胡捷	女	语文	教学之星	不住宿
5	黄爱玲	女	会计	教学之星	不住宿
…	…	…	…	…	…
50	赵兰兰	女	旅游	育人之星	住宿

续表

序号	姓名	性别	任教学科	培养星级	备注
51	黄浩	男	汽车	管理之星	住宿
52	黄洁	女	语文	管理之星	不住宿
53	邱向东	男	财经	管理之星	住宿
54	张春梅	女	英语	管理之星	不住宿

③：筛选出"任教学科"列中为"计算机"的老师。

【技术全貌】

在 pandas 中查询和筛选数据框中的数据时经常会使用到方法，表 1-2-5 中列举了一些常用方法，更多的内容请参考 pandas 官网文档。

表1-2-5　处理数据框的常用方法

方法	描述
isna( )	判断值是否为空值。返回与原数据框或序列结构相同的数据框或序列，若原对象数据为缺失值，则返回对象对应位置的值为 True，反之为 False。 语法格式：DataFrame.isna( )
notna( )	判断值是否不为空值。返回与原数据框或序列结构相同的数据框或序列，若原对象数据不是缺失值，则返回对象对应位置的值为 True，反之为 False。 语法格式：DataFrame.notna( )
query( )	按照某列条件进行筛选。 语法格式：query(" 列名 == ' 条件 '")
filter( )	根据索引标签筛选出符合条件的行或列。 语法格式：DataFrame.filter(items=None, like=None, regex=None, axis=None) items 表示索引标签；like 表示用于筛选标签中含有 like 字符串的行或列；regex 表示用正则表达式进行匹配；axis=0 表示对行操作，axis=1 表示对列操作

一展身手

同样在某学校五星教师培养对象参培名单中，筛选出所有"培养星级"为"育人之星"的老师，结果见表 1-2-6。

表1-2-6　"育人之星"名单

序号	姓名	性别	任教学科	培养星级	备注
38	李玉	女	计算机	育人之星	住宿
39	陈梅	女	心理学	育人之星	住宿
40	陈娟	女	英语	育人之星	不住宿
41	陈芳	女	计算机	育人之星	住宿
42	陈维	女	语文	育人之星	不住宿
43	李莉	女	计算机	育人之星	住宿
44	高玲	女	数学	育人之星	住宿

续表

序号	姓名	性别	任教学科	培养星级	备注
45	刘俊	男	计算机	育人之星	住宿
46	刘容	女	语文	育人之星	住宿
47	罗慧珊	女	英语	育人之星	住宿
48	杨小燕	女	英语	育人之星	不住宿
49	赵心萍	女	英语	育人之星	不住宿
50	赵兰兰	女	旅游服务	育人之星	住宿

活动二　查找联考专业成绩在 350 分以上的计算机专业男生

微课

【问题描述】

在高职培优班名单（见表 1-2-7）中，查找出联考专业成绩在 350 分以上的计算机类专业男生。

表 1-2-7　高职培优班名单

专业	姓名	性别	联考文化总分	入学考文化总分	文化平均	联考专业总分	入学考专业总分	专业平均	班级
电子技术类	莫永生	男	254.5	246	250.25	136.0	176.0	156.0	2018 级机电 9 班
电子技术类	屈超	男	218.5	231	224.75	144.0	152.0	148.0	2018 级机电 9 班
电子技术类	闵小芳	女	210.5	213	211.75	130.0	140.0	135.0	2018 级机电 9 班
电子技术类	邹永婷	女	105.0	131	118.00	58.0	138.0	98.0	2018 级机电 9 班
电子技术类	翁夏垚	女	92.0	143	117.50	52.0	76.0	64.0	2018 级机电 9 班
…	…	…	…	…	…	…	…	…	…
学前教育	吴全高	男	77.5	81	79.25	326.0	241.0	283.5	2018 秋航旅 1 班
学前教育	安海军	男	82.0	58	70.00	245.0	172.0	208.5	2018 秋航旅 1 班
学前教育	赵炜澜	女	78.5	60	69.25	282.0	209.0	245.5	2018 秋航旅 1 班
学前教育	骆洪亮	男	59.0	69	64.00	274.0	185.0	229.5	2018 秋航旅 1 班
学前教育	鲁宏雨	女	61.0	56	58.50	315.0	281.0	298.0	2018 春航旅 2 班

● 输出结果：

输出结果见表 1-2-8。

表 1-2-8　联考专业成绩在 350 分以上的计算机类专业男生

专业	姓名	性别	联考文化总分	入学考文化总分	文化平均	联考专业总分	入学考专业总分	专业平均	班级
计算机类	魏旭	男	266.5	165.0	266.50	399.0	365.0	399.0	2018 级秋电商 3 班
计算机类	桑传超	男	212.0	173.5	212.00	413.0	361.0	413.0	2018 级秋电商 3 班

续表

专业	姓名	性别	联考文化总分	入学考文化总分	文化平均	联考专业总分	入学考专业总分	专业平均	班级
计算机类	翁世川	男	197.0	169.5	197.00	393.0	358.0	393.0	2018 级秋电商 3 班
计算机类	卢京平	男	202.5	175.0	188.75	353.0	352.0	352.5	2018 级秋电商 3 班
计算机类	於宏	男	182.5	158.5	182.50	402.0	355.0	402.0	2018 级秋电商 3 班
计算机类	牛岗	男	189.0	148.5	168.75	352.0	379.0	365.5	2018 级秋电商 3 班
计算机类	许洋	男	143.5	162.5	153.00	359.0	356.0	357.5	2018 级秋电商 3 班

【题前思考】

根据问题描述，填写表 1-2-9。

表 1-2-9　问题分析

问题描述	问题解答
需要查找的条件有哪些	
怎样查找出满足多个条件的数据	

【操作提示】

使用 query() 方法筛选出符合多个条件的数据。如果多个条件需要同时成立，用 and 连接，如果只需要成立一个则用 or 连接。

【程序代码】

```
import pandas as pd
data= pd.read_excel(r"D:\pydata\ 项目一 \ 高职培优班名单 .xlsx",sheet_name=" 学生 \
        全部名单 ")                                                          ①
data=data.query(" 联考专业总分 >350 and 专业 ==' 计算机类 ' and 性别 ==' 男 '")    ②
print(data)
```

【代码分析】

①：使用 pd.read_excel() 函数导入 Excel 工作表数据，其中 sheet_name=" 学生全部名单 " 表示导入 "学生全部名单" 这个工作表中的数据，如果不指定参数，sheet_name 则导入第一个工作表。

②：用 query() 方法筛选出同时满足 "联考专业总分 >350" "专业 ==' 计算机类 '" 和 "性别 ==' 男 '" 这 3 个条件的数据。因为 3 个条件要同时满足，所以用 and 连接这 3 个条件。结果见表 1-2-8。

一展身手

在高职培优班名单中，查找出联考文化成绩在 200 分以上的会计类专业女生，结果见表 1-2-10。

表 1-2-10　联考文化成绩在 200 分以上的会计类专业女生

专业	姓名	性别	联考文化总分	入学考文化总分	文化平均	联考专业总分	入学考专业总分	专业平均	班级
会计类	金雪	女	268.0	264	266.00	419.0	338.0	378.50	2018级电商2班（会计高职）
会计类	吴芸	女	206.0	234.5	220.25	221.0	247.5	234.25	2018级电商2班（会计高职）
会计类	郎雪	女	210.0	190	200.00	330.0	295.0	312.50	2018级电商2班（会计高职）
会计类	苟娟	女	220.5	170	195.25	346.0	345.0	345.50	2018级电商2班（会计高职）

任务三　处理数据框中的字符串

pandas 处理数据时，经常需要处理字符串数据，一般会使用 str 属性方法和正则表达式。正则表达式用于在数据框中查找匹配的字符串，是操作字符串的逻辑公式。通常用正则表达式模块 re 的 compile( ) 函数进行编译，可以实现更加有效的匹配。

活动一　找出姓张的同学

微课

【问题描述】

在学生信息表（见表 1-3-1）中，找出所有姓张的同学的数据。

表 1-3-1　学生信息表

身份证号	姓名	性别	年级	入学年月	修读专业	班级	户籍所在省	户籍所在市	户籍所在县	户籍地址	联系电话
5116212005091111130	莫永生	男	2021	2021-09-01	旅游服务与管理	24122	四川省	广安市	岳池县	新民乡	12014192304
5110232005305309414	屈超	男	2021	2021-09-01	旅游服务与管理	24123	四川省	资阳市	安岳县	流渡镇	12391602353
5110282005020222380	闵小芳	女	2021	2021-09-01	旅游服务与管理	24132	四川省	内江市	隆昌县	仁义镇	12112412197
5110282005091022404	邹永婷	女	2021	2021-09-01	旅游服务与管理	24132	四川省	内江市	隆昌县	白市驿镇	12460285604

续表

身份证号	姓名	性别	年级	入学年月	修读专业	班级	户籍所在省	户籍所在市	户籍所在县	户籍地址	联系电话
511028200511128566	翁夏垚	女	2021	2021-09-01	旅游服务与管理	24132	四川省	内江市	隆昌县	新田镇	12276231318
…	…	…	…	…	…	…	…	…	…	…	…
412823200610075534	简杰	男	2021	2021-03-01	计算机应用	24009	河南省	驻马店市	遂平县	八颗派出所镇	12061602304
500381200504176274	陈成浩	男	2021	2021-09-01	计算机应用	24009	重庆市	市辖区	江津区	铜溪镇	12088422358
500107200508282512	齐小东	男	2021	2021-09-01	计算机应用	24113	重庆市	市辖区	九龙坡区	王家河镇	12417022311
500241200505047486	陶姣姣	女	2021	2021-09-01	计算机应用	24114	重庆市	县	秀山土家族苗族自治县	广纳镇	12335141089
500383200511066121	涂德燕	女	2021	2021-03-01	计算机应用	24009	重庆市	市辖区	永川区	太阳乡	12560418520

● **输出结果：**

输出结果见表 1-3-2。

表 1-3-2　姓张的同学信息表

身份证号	姓名	性别	年级	入学年月	修读专业	班级	户籍所在省	户籍所在市	户籍所在县	户籍地址	联系电话
500223200703032856	张中华	男	2021	2021-09-01	电子与信息技术	24130	重庆市	县	潼南县	双凤镇	12830431669

续表

身份证号	姓名	性别	年级	入学年月	修读专业	班级	户籍所在省	户籍所在市	户籍所在县	户籍地址	联系电话
500243200601062419	张森	男	2021	2021-09-01	学前教育	24127	重庆市	县	彭水苗族土家族自治县	沙市镇	12713157899
511028200510164717	张俊	男	2021	2021-09-01	学前教育	24129	四川省	内江市	隆昌县	西彭镇	12557822332
500107200412057417	张吕	男	2021	2021-09-01	汽车运用与维修	2428	重庆市	市辖区	九龙坡区	西彭镇	12024662314
500226200306059843	张雯琳	女	2021	2021-09-01	数控技术应用	2418	重庆市	县	荣昌县	乐民镇	12421202535
500107200610255588	张娇	女	2021	2021-09-01	数控技术应用	24022	重庆市	市辖区	九龙坡区	巴福镇	12340432582
500230200610126400	张红梅	女	2021	2021-09-01	计算机应用	24113	重庆市	县	丰都县	西彭镇	12646282333
50023520060514656X	张帮青	女	2021	2021-09-01	数控技术应用	24104	重庆市	县	云阳县	香坝乡	12020402327
500235200402113631	张洪尧	男	2021	2021-09-01	电子与信息技术	24108	重庆市	县	云阳县	白市驿镇	12850831937
522228200510242385	张美伶	女	2021	2021-09-01	电子与信息技术	24109	贵州省	铜仁地区	沿河土家族自治县	双江镇	12790258595

【题前思考】

根据问题描述，填写表 1-3-3。

表 1-3-3　问题分析

问题描述	问题解答
怎样查找姓张的同学	
怎样筛选出所有姓张的同学的信息	

【操作提示】

如果序列的数据类型是字符型，可以使用 str 属性的 startswith( ) 方法判断字符串是否以某个字符串开头。startswith(' 张 ') 就表示姓氏为 "张" 的姓名。

【程序代码】

```
import pandas as pd
data = pd.read_excel(r"D:\pydata\ 项目一 \ 学生信息 .xlsx")
data=data.query(" 姓名 .str.startswith(' 张 ')",engine='python')   ①
print(data)
```

【代码分析】

①：在 query( ) 方法中用 str 属性的 startswith( ) 方法表示 "姓名" 列以字符 "张" 开头的列。engine='python' 表示使用 Python 引擎进行查询。引擎不同，查询条件的语法有所区别。一般情况下使用 Python 引擎，如果要使用其他引擎请查询文档。查询结果见表 1-3-2。

【技术全貌】

处理数据框中的字符串

pandas 为字符型序列提供了 str 属性，通过它可以方便地对字符型序列进行一些操作，表 1-3-4 中列举了常用的 str 属性的方法。

表 1-3-4　常用的 str 属性的方法

方法	描述
startswith(pat, na=None)	依次判断序列中的字符串，若以 pat 开头，则返回 True，反之返回 False，最终返回逻辑值序列
endswith(pat, na=None)[source]	依次判断序列中的字符串，若以 pat 结尾，则返回 True，反之返回 False，最终返回逻辑值序列
split(pat=None, n=-1, expand=False)	依次对序列中的字符串用 pat 进行切割，每个字符串切割后得到字符串的列表，最终返回由字符串列表组成的序列
replace(pat, repl, n=-1, case=None, flags=0, regex=None)[source]	依次对序列中的字符串进行替换，用 repl 代替 pat
contains(pat, case=True, flags=0, na=None, regex=True)	依次对序列中的字符串进行检测，看字符串中是否包含 pat，若包含返回 True，反之返回 False，最终返回逻辑值序列
findall(pat, flags=0)	依次对序列中的字符串进行查找，找到与 pat 匹配的所有子串构成字符串序列，最后返回字符串列表构成的序列
len( )	依次计算序列中的字符串的长度

续表

方法	描述
strip(to_strip=None)	依次去除序列中字符串前后的空白字符或参数 to_strip 指定的字符串
extract(pat, flags=0, expand=True)	依次匹配序列的各字符串，对各字符串，从第一次匹配到的子串中提取各捕获组，每一个捕获组构成一列，返回这些列构成的数据框
get(i)	依次获取序列中字符串指定位置的字符
find(sub, start=0, end=None)	依次在字符串序列中查找指定字符串 sub，找到则返回 sub 在字符串中的下标，否则返回 –1，最后返回由这些整数构成的序列

一展身手

在学生信息表中，找出所有户籍在九龙坡区且姓"陈"的同学的数据。结果见表 1-3-5。

表 1-3-5　九龙坡区姓"陈"的同学名单

身份证号	姓名	性别	年级	入学年月	修读专业	班级	户籍所在省	户籍所在市	户籍所在县	户籍地址	联系电话
659001200605202043	陈雪	女	2021	2021-09-01	电子商务	2426	重庆市	市辖区	九龙坡区	朝阳乡	12136066816
500107200607091423	陈静	女	2021	2021-09-01	数控技术应用	2422	重庆市	市辖区	九龙坡区	新场镇	12362122377
500107200511281150	陈遗松	男	2021	2021-09-01	计算机应用	2417	重庆市	市辖区	九龙坡区	走马镇	12572552020
500107200609117081	陈润	女	2021	2021-09-01	计算机应用	24009	重庆市	市辖区	九龙坡区	龙池镇	12774412542
500107200512224788	陈梦熔	女	2021	2021-09-01	计算机应用	24116	重庆市	市辖区	九龙坡区	广纳镇	12770112560
50010720050814702X	陈婷婷	女	2021	2021-09-01	计算机应用	24116	重庆市	市辖区	九龙坡区	含谷镇	12639352395

微课

活动二　计算老师的上课时间

【问题描述】

在"电商部教师线上教学课时"表（见表 1-3-6）中，计算出老师的上课时间和上课学时（40 分钟为 1 学时）。

表 1-3-6　电商部教师线上教学课时

任课教师	任课班级	课程	教学内容	日期	教学互动时间	学生应到/人	学生实到/人
薛光洋	2019 级电商秋 2 班（电子商务 3+2）	中职历史	辛亥革命	2020-02-10	14:30—16:30	42.0	39.0
薛光洋	2019 级电商春 2 班（电子商务 3+2）	中职历史	辛亥革命	2020-02-12	9:00—10:30	38.0	28.0
薛光洋	2019 级电商春 4 班（电子商务现代学徒制）	中职历史	辛亥革命	2020-02-13	9:30—10:30	49.0	37.0
薛光洋	2019 级电商春 3 班（电子商务 3+2）	中职历史	辛亥革命	2020-02-13	15:00—16:30	40.0	40.0
薛光洋	2019 级电商秋 1 班（计算机应用高职）	中职历史	辛亥革命	2020-02-14	14:00—15:00	46.0	46.0
…	…	…	…	…	…	…	…
瞿羽	2019 级电商春 6 班	表格处理	NaN	2020-02-27	10:30—11:00	NaN	NaN
瞿羽	2019 级电商春 4 班	表格处理	NaN	2020-02-27	10:30—11:30	NaN	NaN
瞿羽	2019 级电商春 2 班（电子商务 3+2）	表格处理	数据有效性	2020-03-05	10:40—12:02	36.0	38.0
瞿羽	2019 级电商春 3 班（电子商务 3+2）	表格处理	数据有效性	2020-03-05	10:40—12:01	41.0	42.0
瞿羽	2019 级电商春 6 班（计算机应用高职）	表格处理	数据有效性	2020-03-05	10:40—12:00	41.0	46.0

● 输出结果：

输出结果见表 1-3-7。

表 1-3-7　"电商部教师线上教学课时"统计表

任课教师	任课班级	课程	教学内容	日期	教学互动时间	学生应到/人	学生实到/人	开始	结束	上课时间	上课学时
薛光洋	2019 级电商秋 2 班（电子商务 3+2）	中职历史	辛亥革命	2020-02-10	14:30—16:30	42.0	39.0	870	990	120	3.00
薛光洋	2019 级电商春 2 班（电子商务 3+2）	中职历史	辛亥革命	2020-02-12	9:00—10:30	38.0	28.0	540	630	90	2.25

续表

任课教师	任课班级	课程	教学内容	日期	教学互动时间	学生应到/人	学生实到/人	开始	结束	上课时间	上课学时
薛光洋	2019 级电商春 4 班（电子商务现代学徒制）	中职历史	辛亥革命	2020-02-13	9:30—10:30	49.0	37.0	570	630	60	1.50
薛光洋	2019 级电商春 3 班（电子商务 3 + 2）	中职历史	辛亥革命	2020-02-13	15:00—16:30	40.0	40.0	900	990	90	2.25
薛光洋	2019 级电商秋 1 班（计算机应用高职）	中职历史	辛亥革命	2020-02-14	14:00—15:00	46.0	46.0	840	900	60	1.50
…	…	…	…	…	…	…	…	…	…	…	…
瞿羽	2019 级电商春 6 班	表格处理	NaN	2020-02-27	10:30—11:00	NaN	NaN	630	660	30	0.75
瞿羽	2019 级电商春 4 班	表格处理	NaN	2020-02-27	10:30—11:30	NaN	NaN	630	690	60	1.50
瞿羽	2019 级电商春 2 班（电子商务 3+2)	表格处理	数据有效性	2020-03-05	10:40—12:02	36.0	38.0	640	722	82	2.05
瞿羽	2019 级电商春 3 班（电子商务 3+2)	表格处理	数据有效性	2020-03-05	10:40—12:01	41.0	42.0	640	721	81	2.02
瞿羽	2019 级电商春 6 班（计算机应用高职）	表格处理	数据有效性	2020-03-05	10:40—12:00	41.0	46.0	640	720	80	2.00

【题前思考】

根据问题描述，填写表 1-3-8。

表 1-3-8　问题分析

问题描述	问题解答
怎样提取教学互动时间	
怎样计算上课总时长	
怎样添加列	

【操作提示】

调用 str.extract() 方法使用正则表达式从字符数据中抽取匹配的分组数据，添加所需列，将字符串类型数据转换为整型数据，分别计算出"开始""结束"时间，再计算出"上课时间"和"上课学时"。

【程序代码】

```
import pandas as pd
import re                                                    ①
data = pd.read_excel(r"D:\pydata\ 项目一 \ 电商部教师线上教学课时核对后 .xlsx")
```

```
lt = re.compile('(\d+)[^\d]+(\d+)[^\d]+(\d+)[^\d]+(\d+)')                    ②
temp = data['教学互动时间'].str.extract(lt)                                    ③
data[' 开始 '] = temp[0].astype('int') * 60 + temp[1].astype('int')           ④
data['结束'] = temp[2].astype('int') * 60 + temp[3].astype('int')             ⑤
data["上课时间 "]=data['结束']-data[' 开始 ']                                  ⑥
data[" 上课学时 "]=round(data[" 上课时间 "]/40,2)                              ⑦
print(data)
```

【代码分析】

①：导入正则表达式 re 模块，re 是内置模块，不需要安装。

②：使用 re.compile( ) 编译正则表达式并赋值给对象 lt，正则表达式中（\d+）表示匹配一个或多个数字，[^\d] 表示匹配除数字以外的任意字符。圆括号括起来的内容表示一个捕获组。

③：调用 str.extract( ) 方法使用正则表达式与"教学互动时间"列匹配，从匹配到的第一个字符串中提取出捕获组。因为正则表达式中有 4 个捕获组，所以匹配的结果数据框有 4 列，分别对应 4 个捕获组，代表了开始的时、分和结束的时、分，如第一行数据表示从 14：30 开始到 16：30 结束。结果见表 1-3-9。

表 1-3-9　教学互动时间分组数据

	0	1	2	3
0	14	30	16	30
1	9	00	10	30
2	9	30	10	30
3	15	00	16	30
4	14	00	15	00
...	...	...	...	...
1222	10	30	11	00
1223	10	30	11	30
1224	10	40	12	02
1225	10	40	12	01
1226	10	40	12	00

④：计算开始时间，以"开始"为名添加到列。在这里用当天 0 时 0 分作为时间的起点，以过去的分钟数表示当天的各个时刻，比如 14:30 这个时刻距离 0 时 0 分有 870 min（14*60+30=870），就用 870 表示 14:30 这个时刻。temp[0] 是开始"时"的序列，temp[1] 是开始"分"的序列，temp[0].astype('int') * 60+ temp[1].astype('int') 就能从"时"和"分"两个序列得到"开始"这个时刻的值（开始时 *60+ 开始分 = 开始时刻）。添加"开始"列之后的数据框见表 1-3-10。

表 1-3-10　添加"开始"列

任课教师	任课班级	课程	教学内容	日期	教学互动时间	学生应到/人	学生实到/人	开始
薛光洋	2019 级电商秋 2 班（电子商务 3+2）	中职历史	辛亥革命	2020-02-10	14:30—16:30	42.0	39.0	870
薛光洋	2019 级电商春 2 班（电子商务 3+2）	中职历史	辛亥革命	2020-02-12	9:00—10:30	38.0	28.0	540
薛光洋	2019 级电商春 4 班（电子商务现代学徒制）	中职历史	辛亥革命	2020-02-13	9:30—10:30	49.0	37.0	570
薛光洋	2019 级电商春 3 班（电子商务 3+2）	中职历史	辛亥革命	2020-02-13	15:00—16:30	40.0	40.0	900
薛光洋	2019 级电商秋 1 班（计算机应用高职）	中职历史	辛亥革命	2020-02-14	14:00—15:00	46.0	46.0	840
…	…	…	…	…	…	…	…	…
瞿羽	2019 级电商春 6 班	表格处理	NaN	2020-02-27	10:30—11:00	NaN	NaN	630
瞿羽	2019 级电商春 4 班	表格处理	NaN	2020-02-27	10:30—11:30	NaN	NaN	630
瞿羽	2019 级电商春 2 班（电子商务 3+2）	表格处理	数据有效性	2020-03-05	10:40—12:02	36.0	38.0	640
瞿羽	2019 级电商春 3 班（电子商务 3+2）	表格处理	数据有效性	2020-03-05	10:40—12:01	41.0	42.0	640
瞿羽	2019 级电商春 6 班（计算机应用高职）	表格处理	数据有效性	2020-03-05	10:40—12:00	41.0	46.0	640

⑤：与④同样的道理，添加"结束"列。temp[2] 是结束"时"序列，temp[3] 是结束"分"序列，结束时 *60+ 结束分 = 结束时刻。添加"结束"列后的数据框见表 1-3-11。

表 1-3-11　添加"结束"列

任课教师	任课班级	课程	教学内容	日期	教学互动时间	学生应到/人	学生实到/人	开始	结束
薛光洋	2019 级电商秋 2 班（电子商务 3+2）	中职历史	辛亥革命	2020-02-10	14:30—16:30	42.0	39.0	870	990
薛光洋	2019 级电商春 2 班（电子商务 3+2）	中职历史	辛亥革命	2020-02-12	9:00—10:30	38.0	28.0	540	630
薛光洋	2019 级电商春 4 班（电子商务现代学徒制）	中职历史	辛亥革命	2020-02-13	9:30—10:30	49.0	37.0	570	630
薛光洋	2019 级电商春 3 班（电子商务 3＋2）	中职历史	辛亥革命	2020-02-13	15:00—16:30	40.0	40.0	900	990
薛光洋	2019 级电商秋 1 班（计算机应用高职）	中职历史	辛亥革命	2020-02-14	14:00—15:00	46.0	46.0	840	900
…	…	…	…	…	…	…	…	…	…
瞿羽	2019 级电商春 6 班	表格处理	NaN	2020-02-27	10:30—11:00	NaN	NaN	630	660

续表

任课教师	任课班级	课程	教学内容	日期	教学互动时间	学生应到/人	学生实到/人	开始	结束
瞿羽	2019 级电商春 4 班	表格处理	NaN	2020-02-27	10:30—11:30	NaN	NaN	630	690
瞿羽	2019级电商春2班(电子商务 3+2)	表格处理	数据有效性	2020-03-05	10:40—12:02	36.0	38.0	640	722
瞿羽	2019级电商春3班(电子商务 3+2)	表格处理	数据有效性	2020-03-05	10:40—12:01	41.0	42.0	640	721
瞿羽	2019级电商春6班(计算机应用高职)	表格处理	数据有效性	2020-03-05	10:40—12:00	41.0	46.0	640	720

⑥：添加"上课时间"列，列数据为"结束"列与"开始"列数据之差，即上课时间＝结束－开始。结果见表 1-3-12。

表 1-3-12　添加"上课时间"列

任课教师	任课班级	课程	教学内容	日期	教学互动时间	学生应到/人	学生实到/人	开始	结束	上课时间
薛光洋	2019 级电商秋 2 班(电子商务 3+2)	中职历史	辛亥革命	2020-02-10	14:30—16:30	42.0	39.0	870	990	120
薛光洋	2019 级电商春 2 班(电子商务 3+2)	中职历史	辛亥革命	2020-02-12	9:00—10:30	38.0	28.0	540	630	90
薛光洋	2019 级电商春 4 班(电子商务现代学徒制)	中职历史	辛亥革命	2020-02-13	9:30—10:30	49.0	37.0	570	630	60
薛光洋	2019 级电商春 3 班(电子商务 3＋2)	中职历史	辛亥革命	2020-02-13	15:00—16:30	40.0	40.0	900	990	90
薛光洋	2019 级电商秋 1 班(计算机应用高职)	中职历史	辛亥革命	2020-02-14	14:00—15:00	46.0	46.0	840	900	60
…	…	…	…	…	…	…	…	…	…	…
瞿羽	2019 级电商春 6 班	表格处理	NaN	2020-02-27	10:30—11:00	NaN	NaN	630	660	30
瞿羽	2019 级电商春 4 班	表格处理	NaN	2020-02-27	10:30—11:30	NaN	NaN	630	690	60
瞿羽	2019 级电商春 2 班(电子商务 3+2)	表格处理	数据有效性	2020-03-05	10:40—12:02	36.0	38.0	640	722	82
瞿羽	2019 级电商春 3 班(电子商务 3+2)	表格处理	数据有效性	2020-03-05	10:40—12:01	41.0	42.0	640	721	81
瞿羽	2019 级电商春 6 班(计算机应用高职)	表格处理	数据有效性	2020-03-05	10:40—12:00	41.0	46.0	640	720	80

⑦：添加"上课学时"列，这里假定 1 学时为 40 分钟，则上课学时＝上课时间 /40，结果保留 2 位小数。结果见表 1-3-7。

正则表达式语法
和 re 模块

【技术全貌】

正则表达式由一些字符和符号组成，它们代表不同的规则，表 1-3-13 至表 1-3-15 列出了正则表达式常用的字符、量词和函数。

表 1-3-13　正则表达式常用字符

字符	描述
[ ]	匹配字符集中任意字符
[^]	匹配除了字符集中字符的任意字符
.	匹配除换行符以外的任意字符
\s	匹配空白字符
\S	匹配非空白字符
\d	匹配数字
\D	匹配非数字
\w	匹配单词字符
\W	匹配非单词字符
^	匹配字符串的开始
$	匹配字符串的结尾
( )	匹配括号内的表达式

表 1-3-14　正则表达式常用量词

量词	描述
*	重复零次或更多次
+	重复一次或更多次
?	重复零次或一次
{n}	重复 n 次
{n,}	重复 n 次或更多次
{n,m}	重复 n 到 m 次

表 1-3-15　正则表达式常用函数

函数	描述
compile( )	编译正则表达式
match( )	决定是否在字符串刚开始的位置匹配
search( )	扫描整个字符串，找到匹配的位置
findall( )	找到匹配的所有字符子串，并把它们作为一个列表返回
group( )	返回被匹配的字符串
start( )	返回匹配开始的位置
end( )	返回匹配结束的位置
span( )	返回一个元祖包含匹配开始、结束的位置
split( )	返回分割字符串所产生的字符串列表

一展身手

有学生成绩表见表 1-3-16，数据文件是"D:\pydata\ 项目一 \ 一展身手 .xlsx"，请提取各学科成绩构成一个数据框，见表 1-3-17。

表 1-3-16　学生成绩表

学生成绩
邱俊松 :C 语言 67 数据结构 53 算法分析 53
胡艳 :C 语言 67 数据结构 54 算法分析 52
孔航 :C 语言 67 数据结构 52 算法分析 54
黄莉 :C 语言 64 数据结构 55 算法分析 53
古瑞 :C 语言 61 数据结构 60 算法分析 50
…
卿成 :C 语言 16 数据结构 5 算法分析 13
欧金霞 :C 语言 10 数据结构 6 算法分析 17
晏丽 :C 语言 7 数据结构 9 算法分析 17
肖权利 :C 语言 8 数据结构 5 算法分析 12
齐云瑞 :C 语言 0 数据结构 0 算法分析 0

表 1-3-17　提取后的学生成绩表

姓名	C 语言	数据结构	算法分析
邱俊松	67	53	53
胡艳	67	54	52
孔航	67	52	54
黄莉	64	55	53
古瑞	61	60	50
…	…	…	…
卿成	16	5	13
欧金霞	10	6	17
晏丽	7	9	17
肖权利	8	5	12
齐云瑞	0	0	0

项目小结

本项目介绍了 pandas 的两种基本数据类型和创建 DataFrame 的方法。在数据框中，可以根据需求用 iloc、loc 属性选择数据，用 sum( )、mean( )、max( ) 和 min( ) 分别计算总和、平均值、最大值和最小值，用 sort_values( ) 对数据进行排序，用 query ( ) 筛选数据。在处理字符串类型的数据时，可以使用 str 属性的方法操作序列中的字符，还可以使用正则表达式搜索匹配某个特定模式的字符串。

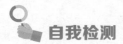 自我检测

一、选择题

1. 在数据框中对数据进行排序的方法是（　　　）。

  A. tail( )　　　　　B. sort_values( )　　　　　C. drop( )　　　　　D. groupby( )

2. 有数据框 df 定义为 df=pd.DataFrame({'A':['a','b','a','c','a','c','b','c'],'B':[2,8,1,4,3,2,5,9], 'C':[102,98,107,104,115,87,92,123]})，下列能计算 A 列平均值的操作是（　　　）。

  A. df[A].mean( )　　B. df['A'].mean( )　　　　C. df['A'].mad( )　　　　D. df['A'].min( )

3. 有数据框 df，内容如下：

	A	B	C	D
2021-01-01	−1.752 903	1.514 372	−1.403 088	−0.750 538
2021-01-02	0.536 728	−0.575 273	0.854 637	−1.916 046
2021-01-03	−1.139 707	−0.867 921	1.941 697	0.109 111
2021-01-04	−0.271 747	2.176 072	2.454 428	−0.427 323
2021-01-05	−1.179 194	0.952 094	0.699 544	0.374 786
2021-01-06	−0.473 728	0.271 015	−0.139 794	0.415 928

语句 df.loc['20210102':'20210105','A':'B'] 的执行结果为（　　　）。

	A	B	C
2021-01-02	0.543 537	−1.245 039	0.214 743
2021-01-03	−2.199 566	−0.770 667	0.353 939
2021-01-04	0.021 425	−0.772 205	0.579 737
2021-01-05	−0.129 903	0.613 204	0.860 802

A.

	A	B
2021-01-02	0.079 552	0.664 215
2021-01-03	−1.053 095	0.447 308
2021-01-04	0.743 660	−0.308 434
2021-01-05	−0.775 964	−1.129 987
2021-01-06	−0.160 293	−0.281 028

B.

	A	B
2021-01-02	0.274 509	-0.004 964
2021-01-03	-0.678 931	-0.400 953
2021-01-04	-0.067 574	0.199 933
2021-01-05	0.420 703	-0.563 736

C.

	A	B	C
2021-01-02	1.163 672	-0.088 542	-0.973 347
2021-01-03	0.888 414	1.241 231	-1.611 911
2021-01-04	-0.271 106	1.438 339	-0.878 146
2021-01-05	-1.334 747	-0.302 929	-0.225 817
2021-01-06	0.029 526	0.463 150	-0.504 477

D.

4. 下列关于 str 属性的方法描述错误的是（　　　　）。

　　A. str.startswith( ) 判断字符串是否以指定字符开头　　B. str.contains( ) 判断字符串是否含有指定字符

　　C. str.split( ) 去除字符串前后的空白字符　　　　　　　D. str.len( ) 计算字符串长度

5. 下列关于正则表达式字符的描述中，正确的是（　　　　）。

　　A. \d 匹配数字　　　　B. $ 匹配字符串开头　　　　C. \S 匹配空白字符　　　　D. \w 匹配非单词字符

6. 下列关于 DataFrame 的描述中，不正确的是（　　　　）。

　　A. 支持行列取值和切片　　　　　　　　　　　B. 支持修改行和列的名称、值等属性

　　C. drop( ) 方法能删除整行或整列　　　　　　D. append( ) 方法能向数据框插入一个值

二、填空题

1. pandas 主要的两种数据结构是_____和_____。

2. 在 pandas 中读取文件 "data.csv" 的语句是_____。

3. 在数据框中填充空值数据的方法是_____。

4. pandas 中利用切片选取数据的属性是_____。

5. pandas 使用正则表达式处理数据需要引入_____模块，常用_____方法编译正则表达式。

三、编写程序

现有 "学生成绩表"（见表 1-3-18），完成以下任务：

表 1-3-18　学生成绩表

班级	姓名	语文	数学	英语
1	涂银	71	93	84.5
1	卢京平	63	86	83.0
1	龚倩	67	81	70.0
…	…	…	…	…
1	金亚东	72	86	66.0
1	陶金月	73	94	61.5
1	龚鹏	82	75	65.0

（1）pandas 中读取"学生成绩表"；

（2）统计各学生的总分和平均分；

（3）按照总分降序排序；

（4）在各科的最后依次求出平均分、最高分和最低分；

（5）筛选出总分排名前 10 的学生。

项目评价

任务	标准	配分 / 分	得分 / 分
统计数据框中的数据	能列举 pandas 的两种数据类型	5	
	能描述创建数据框的方法	5	
	能描述计算总和、平均值、最大值和最小值的方法	5	
	能描述 sort_values( )、head( ) 的作用	5	
	能使用列表和字典创建数据框	5	
	能使用 iloc( ) 和 loc( ) 选择数据	5	
	能使用 sort_values( ) 方法排序	10	
查询和筛选数据框中的数据	能描述 query( ) 的作用和用法	10	
	能使用 query( ) 筛选数据框中的数据	20	
处理数据框中的字符串	能使用 str 属性的方法处理数据框中的字符串	10	
	能使用 str 属性和正则表达式处理、匹配和提取字符串数据	20	
总分		100	

阅读有益

LVS 开源软件创始人——章文嵩

　　章文嵩博士是基础核心软件研发、网络软硬件性能优化方面的技术专家。他是 Linux 内核的开发者，著名的 Linux 集群项目——LVS(Linux Virtual Server, Linux 虚拟服务器) 的创始人和主要开发人员。LVS 集群采用 IP 负载均衡技术和基于内容请求分发技术。调度器具有很好的吞吐率，将请求均衡地转移到不同的服务器上执行，且调度器自动屏蔽掉服务器的故障，从而将一组服务器构成一个高性能的、高可用的虚拟服务器。整个服务器集群的结构对客户是透明的，而且无须修改客户端和服务器端的程序。正是因为有了 LVS 才使得一些大型的电子商务活动能够顺利地开展。

项目二　清洗数据

/////// **项目描述** ///////

　　大数据时代，数据是任何企业最有价值的资产之一，高质量的数据管理将对企业的发展产生巨大影响。但是在通常情况下，我们获得的数据都可能是不完整、不一致或冗余的，如数据中有空值、重复值，数据格式不正确，信息不完整等。因此，在使用这些数据前我们要清洗数据。清洗数据就是要按照一定的规则过滤处理那些不符合要求的数据，从而提高数据质量。

/////// **项目目标** ///////

知识目标：
能描述 fillna( )、replace( )、drop_duplicates( )、drop( )、cut( )、insert( )、append( ) 等函数或方法的作用和参数含义。

技能目标：
能按要求用 fillna( )、replace( ) 进行数据替换；
能按要求用 drop_duplicates( )、drop( ) 删除不需要的数据；
能按要求用 cut( ) 实现数据离散化。

思政目标：
培养不断创新的意识。

任务一   处理数据中的缺失值和重复值

在统计数据的时候，有时会有一些缺失或者重复的数据，缺失会造成数据的不完整，而重复的数据会浪费空间且导致数据准确性下降。我们需要对这些缺失值和重复值进行处理。

  处理订单数据中的缺失值

【问题描述】

订单数据表见表 2-1-1。

表 2-1-1   订单数据表

order_id	quantity	item_name	choice_description	item_price
1	1	Chips and Fresh Tomato Salsa	NaN	$2.39
1	1	Izze	[Clementine]	$3.39
1	1	Nantucket Nectar	[Apple]	$3.39
1	1	Chips and Tomatillo-Green Chili Salsa	NaN	$2.39
...	...	...	...	...
1833	1	Steak Burrito	[Fresh Tomato Salsa, [Rice, Sour Cream, Cheese...	$11.75
1834	1	Chicken Salad Bowl	[Fresh Tomato Salsa, [Fajita Vegetables, Pinto...	$11.25
1834	1	Chicken Salad Bowl	[Fresh Tomato Salsa, [Fajita Vegetables, Lettu...	$8.75
1834	1	Chicken Salad Bowl	[Fresh Tomato Salsa, [Fajita Vegetables, Pinto...	$8.75

现要求根据订单数据表，统计表格中商品描述 (choice_description) 中缺失值（NaN）的数量，并将其批量替换为"banana"。最后输出替换后的数据表以及缺失值的数量。

- **输出结果：**

替换后的订单数据见表 2-1-2。

表 2-1-2   替换后的订单数据表

order_id	quantity	item_name	choice_description	item_price
1	1	Chips and Fresh Tomato Salsa	banana	$2.39
1	1	Izze	[Clementine]	$3.39
1	1	Nantucket Nectar	[Apple]	$3.39

续表

order_id	quantity	item_name	choice_description	item_price
1	1	Chips and Tomatillo-Green Chili Salsa	banana	$2.39
...	...	...	...	...
1833	1	Steak Burrito	[Fresh Tomato Salsa, [Rice, Sour Cream, Cheese...	$11.75
1834	1	Chicken Salad Bowl	[Fresh Tomato Salsa, [Fajita Vegetables, Pinto...	$11.25
1834	1	Chicken Salad Bowl	[Fresh Tomato Salsa, [Fajita Vegetables, Lettu...	$8.75
1834	1	Chicken Salad Bowl	[Fresh Tomato Salsa, [Fajita Vegetables, Pinto...	$8.75

【choice_description】为空值的数量为：1246

【题前思考】

根据问题描述，填写表 2-1-3。

表 2-1-3　问题分析

问题描述	问题解答
怎样读取 csv 文件中的数据	
如何统计数据中缺失值的数量	
怎样将缺失值替换为指定数据	

【操作提示】

可以使用 read_csv（）函数获得指定的 csv 文件。用 isnull() 方法找出【choice_description】中含有空值（NaN）的数据行，并统计出为空值（NaN）的行数。再使用 fillna（）将空值填充为"banana"。

【程序代码】

```
import pandas as pd
order_data=pd.read_csv(r"D:\pydata\ 项目二 \ 订单数据表 .csv",encoding='utf-8')   ①
num=order_data.query('choice_description.isnull()',engine='python').shape[0]        ②
order_data . fillna({'choice_description':'banana'},inplace=True)                    ③
print(order_data)
print("【choice_description】为空值的数量为：",num)
```

【代码分析】

①：使用 pandas 提供的 read_csv（）函数可以读取外部 csv 文件中的数据并将数据以数据框的形式保存到变量 order_data 中。read_csv（）函数读取的文件名是包括路径和文件名的完

整名称。读取的内容见表 2-1-4。

表 2-1-4　order_data 内容

order_id	quantity	item_name	choice_description	item_price
1	1	Chips and Fresh Tomato Salsa	NaN	$2.39
1	1	Izze	[Clementine]	$3.39
1	1	Nantucket Nectar	[Apple]	$3.39
1	1	Chips and Tomatillo-Green Chili Salsa	NaN	$2.39
...	...	...	...	...
1833	1	Steak Burrito	[Fresh Tomato Salsa, [Rice, Sour Cream, Cheese...	$11.75
1834	1	Chicken Salad Bowl	[Fresh Tomato Salsa, [Fajita Vegetables, Pinto...	$11.25
1834	1	Chicken Salad Bowl	[Fresh Tomato Salsa, [Fajita Vegetables, Lettu...	$8.75
1834	1	Chicken Salad Bowl	[Fresh Tomato Salsa, [Fajita Vegetables, Pinto...	$8.75

②：计算 "choice_description" 列中空值的个数。

• choice_description.isnull( ) 得到一个与 order_data. choice_description 结构相同的逻辑值序列，若 choice_description 中某值为空，则该序列对应位置的值为 True，反之为 False。choice_description.isnull( ) 调用结果如下：

```
0       True
1       False
2       False
3       True
4       False
       ...
4617    False
4618    False
4619    False
4620    False
4621    False
Name: choice_description, Length: 4622, dtype: bool
```

• query('choice_description.isnull( )',engine='python') 会选择上述结果中值为 True 的数据行构成一个数据框，即选择 "choice_description" 列值为空的行。选择后的结果见表 2-1-5。

表 2-1-5 "choice_description"列值为空的行

order_id	quantity	item_name	choice_description	item_price
1	1	Chips and Fresh Tomato Salsa	NaN	$2.39
1	1	Chips and Tomatillo-Green Chili Salsa	NaN	$2.39
3	1	Side of Chips	NaN	$1.69
5	1	Chips and Guacamole	NaN	$4.45
7	1	Chips and Guacamole	NaN	$4.45
...	...	...	...	...
1827	1	Chips and Guacamole	NaN	$4.45
1828	1	Chips and Guacamole	NaN	$4.45
1831	1	Chips	NaN	$2.15
1831	1	Bottled Water	NaN	$1.50
1832	1	Chips and Guacamole	NaN	$4.45

● shape[0] 表示数据框的行数，也就是 "choice_description" 列中空值的个数。shape 表示数据框的形状，此处的数据框是一个二维表，shape 就表示它的行列数，shape[0] 表示行数，shape[1] 表示列数。

③：使用 fillna( ) 方法将 "choice_description" 的缺失值替换为 "banana"。inplace=True 表示在源数据上进行修改。结果见表 2-1-2。

【优化提升】

对于缺失值的处理，除了可使用 fillna( ) 方法实现缺失值的替换，也可以使用 replace( ) 方法完成同样的操作，程序如下：

```
import pandas as pd
import numpy as np
order_data=pd . read_csv(r"D:\pydata\ 项目二 \ 订单数据表 .csv",encoding='utf-8')
num=order_data.query('choice_description.isnull( )',engine='python').shape[0]
order_data.replace(np.NaN ,'banana',inplace=True)
print(order_data)
print(" 【 choice_description 】为空值的数量为： ",num)
```

replace(np.NaN ,'banana') 方法表示将表中缺失数据（为 "NaN"）替换为指定字符 "banana"，在这里它与 fillna( ) 功能一样。

【技术全貌】

处理缺失值的方法和函数有很多，表 2-1-6 列举了与本项目相关的一些内容，更多的内容请参考官网文档。

处理数据中的
缺失值

表 2-1-6   处理缺失值的相关方法

语法	解释
DataFrame.fillna([value, method, axis, inplace, limit])	填充缺失数据。 参数： value：scalar(标量)、dict、Series 或 DataFrame 用于填充的值（如 0） method：{'backfill', 'bfill', 'pad', 'ffill', None}，默认为 None。pad/ffill 表示用前一个非缺失值去填充该缺失值；backfill/bfill 表示用下一个非缺失值填充该缺失值；None 表示指定一个值去替换缺失值。 axis：{0 或 'index', 1 或 'columns'} 填充缺失值所沿的轴。 inplace：bool，默认为 False，创建一个副本，修改副本，原对象不变；如果为 True，直接修改原对象。 limit：int，默认为 None，表示限定填充的个数。 返回值：DataFrame
DataFrame.replace([to_replace, value, inplace, limit, regex, method, axis])	将 to_replace 中给出的值替换为 value。 参数： to_replace：需要替换的值，str、regex、list、dict、Series、int、float 或 None。 value: scalar、dict、list、str、regex，默认为 None，以替换与 to_replace 匹配的任何值。 inplace: bool，默认为 False，创建一个副本，修改副本，原对象不变；如果为 True，直接修改原对象。 limit: int，默认为 None，表示限定填充的个数。 regex: bool 或与 to_replace 相同的类型，默认为 False，表示是否将 to_replace 和 / 或 value 解释为正则表达式。如果是 True，那么 to_replace 必须是一个字符串。也可以是正则表达式或正则表达式的列表、dict 或数组，在这种情况下 to_replace 必须为 None。 method :{'pad', 'ffill', 'bfill', None} 返回值：DataFrame
DataFrame.dropna([axis, how, thresh, subset, inplace])	删除缺失的值。 参数： axis：{0 或 'index', 1 或 'columns'}，默认为 0，确定是否删除包含缺失值的行或列；0 或 "index" 表示删除包含缺失值的行。1 或 "columns" 表示删除包含缺失值的列。 how: {'any', 'all'}，默认为 any，当我们有至少一个 NA 或全部 NA 时，确定是否在 DataFrame 中删除行或列。"any" 表示如果存在任何 NA 值，则删除该行或列；"all" 表示如果所有值均为 NA，则删除该行或列。 thresh: int，可选。需要多少非 NA 值。 subset: 列标签的列表，指定列中出现空值才删除对应的行。 inplace: bool，默认为 False，如果为 True，则执行就地操作并返回 None。 返回值：DataFrame。删除了 NA 条目的 DataFrame
DataFrame.query ([expr,inplace, **kwargs])	查询 DataFrame 的列。 参数： expr: 引用字符串形式的表达式以过滤数据。 inplace: 如果该值为 True, 它将在原始 DataFrame 中进行更改。 kwargs: 引用其他关键字参数。 返回值：DataFrame

一展身手

此处仍然对订单数据表进行数据处理，替换数据表中的缺失值。要求用该缺失值下面的一个非缺失值填充。请用 fillna( ) 方法完成指定的操作。结果见表 2-1-7。

表 2-1-7　缺失值替换后的订单数据表

order_id	quantity	item_name	choice_description	item_price
1	1	Chips and Fresh Tomato Salsa	[Clementine]	$2.39
1	1	Izze	[Clementine]	$3.39
1	1	Nantucket Nectar	[Apple]	$3.39
1	1	Chips and Tomatillo-Green Chili Salsa	[Tomatillo-Red Chili Salsa (Hot), [Black Beans...	$2.39
2	2	Chicken Bowl	[Tomatillo-Red Chili Salsa (Hot), [Black Beans...	$16.98
…	…	…	…	…

微课

活动二　**处理销售数据中的重复值**

【问题描述】

网店销售数据见表 2-1-8。

表 2-1-8　网店销售数据

title	age_range	price	sales_num	comment_num
儿童玩具男孩 积木拼装玩具益智	NaN	99.00-899.00	217.0	2 278.0
机械组赛车拼装积木玩具成年高难度送礼收藏车模	NaN	99.00-3 799.00	91.0	1 681.0
2020 年新品益智拼搭积木男女孩益智玩具送礼收藏	NaN	299.00-2 499.00	42.0	194.0
好朋友迪士尼公主系列积木玩具女孩儿童益智送礼	NaN	199.00-999.00	177.0	345.0
…	…	…	…	…
6 月新品机械组 42107 杜卡迪 Ducati Panigale V4 R	NaN	NaN	80.0	1.0
2020 年新品 10269 哈雷戴维森肥仔摩托车成人收藏	NaN	NaN	276.0	509.0
哈利波特系列霍格沃茨城堡 71043 成人收藏	适合年龄: 16 岁 +	3999	138.0	512.0
哈利波特系列霍格沃茨城堡 71043 成人收藏	适合年龄: 16 岁 +	3999	138.0	512.0

393 rows × 5 columns

备注: 观察此时的数据表，行列数为 393 rows × 5 columns。

　　在进行数据分析时，发现表中有许多重复的数据，影响了分析结果，现要求将数据表中的重复值删掉。

　　● 输出结果：

　　输出结果见表 2-1-9。

表 2-1-9　删除重复值后的网店销售数据

title	age_range	price	sales_num	comment_num
儿童玩具男孩 积木拼装玩具益智	NaN	99.00-899.00	217.0	2 278.0
机械组赛车拼装积木玩具成年高难度送礼收藏车模	NaN	99.00-3 799.00	91.0	1 681.0
2020 年新品益智拼搭积木男女孩益智玩具送礼收藏	NaN	299.00-2 499.00	42.0	194.0
好朋友迪士尼公主系列积木玩具女孩儿童益智送礼	NaN	199.00-999.00	177.0	345.0
…	…	…	…	…
4 月新品小人仔系列 71027 第 20 季小人仔抽抽乐	适合年龄：5岁 +	39	487.0	34.0
6 月新品机械组 42107 杜卡迪 Ducati Panigale V4 R	NaN	NaN	80.0	1.0
2020 年新品 10269 哈雷戴维森肥仔摩托车成人收藏	NaN	NaN	276.0	509.0
哈利波特系列霍格沃茨城堡 71043 成人收藏	适合年龄：16 岁 +	3 999	138.0	512.0

375 rows × 5 columns

备注：删除重复数据行后，数据表的行数减少了 18 条，变为 375 rows × 5 columns。

【题前思考】

　　根据问题描述，填写表 2-1-10。

表 2-1-10　问题分析

问题描述	问题解答
用什么方法查找重复数据	
怎样把数据表中重复的值删除	

【操作提示】

　　使用 duplicated( ) 方法可以检测数据是否与前面的数据重复，用 drop_duplicates( ) 方法可以将数据框中所有的重复数据删除。

【程序代码】

```
import  pandas as  pd
data = pd.read_csv(r"D:\pydata\ 项目二 \ 网店销售数据 .csv",sep=",",encoding='gb2312')①
print(data[data.duplicated( )])                                                    ②
data.drop_duplicates(keep="first", inplace=True)                                   ③
```

print(data)

【代码分析】

①：使用 pandas 提供的 read_csv( ) 函数从指定文件夹中读取扩展名为 csv 的数据文件，其中 sep="," 表示指定分隔符是逗号；encoding 设置编码方式为 gb2312。read_csv( ) 函数读取的文件名是包括路径和文件名的完整文件名称。读取的结果保存到变量 data 中。此时，打印 data 结果，见表 2-1-8，数据行列数为 393 rows × 5 columns（393 行 × 5 列）。

②：输出重复的行。data.duplicated( ) 会对数据框的行从上往下依次扫描，如果某行与前面的行相同，则该行标示为 True，反之标示为 False，最后返回由这些逻辑值组成的序列。data[data.duplicated( )] 用 data.duplicated( ) 返回的逻辑值序列从 data 中选择数据行，若某行的值为 True 则该行会被选出。注意重复出现的多行中，不包括这行的第一次出现。选出的结果见表 2-1-11。

表 2-1-11　重复数据行

title	age_range	price	sales_num	comment_num
哈利波特系列霍格沃茨城堡 71043 成人收藏	适合年龄：16 岁 +	3 999	139.0	511.0
哈利波特系列霍格沃茨城堡 71043 成人收藏	适合年龄：16 岁 +	3 999	134.0	511.0
…	…	…	…	…
10874 智能蒸汽火车遥控轨道大颗粒益智积木玩具	适合年龄：2~5 岁	549	807.0	2 884.0
10874 智能蒸汽火车遥控轨道大颗粒益智积木玩具	适合年龄：2~5 岁	549	807.0	2 884.0
幻影忍者系列 71699 雷霆突击战车	适合年龄：8 岁 +	499	548.0	325.0

备注：表中共有 18 行数据。

③：用 drop_duplicates（ ）方法删除数据表中的重复数据。keep 参数用于指定删除的条件，这里"first"表示保留第一次出现的重复项，删除后面的重复项。inplace=True 表示对原数据进行修改。

再次打印 data，结果见表 2-1-9，删除重复值后，行数减少 18，行列数变为：375 rows × 5 columns（375 行 ×5 列）。

【技术全貌】

要处理数据中的重复值，pandas 中有许多方法和函数，表 2-1-12 列举了与本项目相关的一些内容，更多的内容请参考官网文档。

处理数据中的重复值

表 2-1-12　处理重复值的相关方法

语法	解释
DataFrame. drop_duplicates	删除重复数据。 参数： subset：列标签或标签序列，可选。仅考虑用于标识重复项的某些列，默认情况下使用所有列。

续表

语法	解释
([subset，keep，inplace])	keep：{"first"，"last"，False}，默认为 "first"。 "first"：保留第一次出现的重复项，删除后面的重复项。 "last"：删除重复项，除了最后一次出现。 False：删除所有重复项。 inplace：布尔值，默认为 False，True 表示在原数据框中删除重复项，False 表示返回删除重复行后的副本。 返回值：DataFrame or None
DataFrame. duplicated ([subset，keep])	提取标记重复值。 参数： subse：列标签或标签序列，可选。仅考虑某些列来标识重复项，默认情况下使用所有列 keep：{"first"，"last"，False}，默认为 "first"。 "first"：将重复项标记为 True，第一次出现的除外。 "last"：将重复项标记为 True，最后一次除外。 "False"：将所有重复项标记为 True。 返回值：Series

一展身手

请自己创建数据框，内容见表 2-1-13。

表 2-1-13　测试数据表

A	B	C	D
1	2	3	1
0	4	2	1
2	6	5	2
1	2	3	1

请使用 drop_duplicates( ) 方法，按以下要求删除表中的重复值。

（1）以 A 列为标准，删除测试数据表中的重复项，保留最后一次出现的重复行，结果见表 2-1-14。

表 2-1-14　删除重复项的测试数据表

A	B	C	D
0	4	2	1
2	6	5	2
1	2	3	1

（2）以 D 列为标准，删除重复项，保留第一次出现的重复行，结果见表 2-1-15。

表 2-1-15　删除重复项的测试数据表

A	B	C	D
1	2	3	1
2	6	5	2

任务二 转换数据

在进行数据分析时，有时收集到的数据不准确，或者格式不符合要求，我们就需要对数据进行转换，让其变成我们需要的类型，才能更有利于后期对数据进行分析，从而提高工作效率。

 活动一 规范化学生考试成绩

【问题描述】

某学期 2019 级大数据 1 班 C 语言成绩见表 2-2-1。

表 2-2-1　2019 级大数据 1 班 C 语言成绩

序号	姓名	学号	3月	5月技能成绩	期末技能
1	皮朝峰	2019DS1101	20	40	58
2	潘红	2019DS1110	60	60	60
3	桑超	2019DS1111	55	30	60
4	屠星	2019DS1112	缺考	42	60
5	丁永岗	2019DS1113	60	60	60
…	…	…	…	…	…
43	简杰	2019DS1108	60	56	60
44	陈成浩	2019DS1147	缺考	缺考	60
45	齐小东	2019DS1105	缺考	44	60
46	陶姣姣	2019DS1109	60	30	60
47	涂德燕	2019DS1147	55	56	60

现要求将学生成绩表进行规范化处理，将显示为"缺考"的成绩改为"0"；并将所有成绩转换为百分制（现在为 60 分制）。

- 输出结果：

转换后的成绩表见表 2-2-2。

表 2-2-2　转换后的成绩表

序号	姓名	学号	3月	5月技能成绩	期末技能
1	皮朝峰	2019DS1101	33.33	66.67	96.67
2	潘红	2019DS1110	100.00	100.00	100.00
3	桑超	2019DS1111	91.67	50.00	100.00
4	屠星	2019DS1112	0.00	70.00	100.00
5	丁永岗	2019DS1113	100.00	100.00	100.00

续表

序号	姓名	学号	3 月	5 月技能成绩	期末技能
…	…	…	…	…	…
43	简杰	2019DS1108	100.00	93.33	100.00
44	陈成浩	2019DS1147	0.00	0.00	100.00
45	齐小东	2019DS1105	0.00	73.33	100.00
46	陶姣姣	2019DS1109	100.00	50.00	100.00
47	涂德燕	2019DS1147	91.67	93.33	100.00

【题前思考】

根据问题描述，填写表 2-2-3。

表 2-2-3　问题分析

问题描述	问题解答
如何将其他分制的数据转换为百分制	
将某些数值替换为指定数值的方法有哪些	

【操作提示】

用 replace( ) 就可以将显示为"缺考"的数据替换为"0"。再用数学计算公式将表中各阶段 60 分制的技能成绩转换为百分制，用 round( ) 函数将结果四舍五入保留两位小数。

【程序代码】

```
import  pandas as  pd
data = pd.read_excel(r"D:\pydata\ 项目二 \2019 级大数据 1 班 C 语言成绩 .xlsx")      ①
data.replace(" 缺考 ", 0, inplace=True)                                            ②
data["3 月 "]=round(data["3 月 "]/60*100,2)                                        ③
data["5 月技能成绩 "]=round(data["5 月技能成绩 "]/60*100,2)                          ④
data[" 期末技能 "]=round(data[" 期末技能 "]/60*100,2)                               ⑤
print(data)
```

【代码分析】

①：使用 pandas 中的 read_excel( ) 函数从指定文件夹中读取扩展名为 xlsx 的文件，读取的文件名是包括路径和文件名的完整文件名称。读取的结果保存到变量 data 中。

②：使用 replace( ) 方法将表中"缺考"替换为"0"。inplace=True 表示直接在原数据上进行修改。结果见表 2-2-4。

表 2-2-4　"缺考"转换为"0"的成绩表

序号	姓名	学号	3 月	5 月技能成绩	期末技能
1	皮朝峰	2019DS1101	20	40	58
2	潘红	2019DS1110	60	60	60

续表

序号	姓名	学号	3月	5月技能成绩	期末技能
3	桑超	2019DS1111	55	30	60
4	屠星	2019DS1112	0	42	60
5	丁永岗	2019DS1113	60	60	60
…				…	…
43	简杰	2019DS1108	60	56	60
44	陈成浩	2019DS1147	0	0	60
45	齐小东	2019DS1105	0	44	60
46	陶姣姣	2019DS1109	60	30	60
47	涂德燕	2019DS1147	55	56	60

③：将"3月"列的成绩转换为百分制成绩，并四舍五入保留两位小数。表达式"data["3月"]/60*100"将60分制成绩转换为百分制成绩，再使用Python内置函数round()将所有数值四舍五入保留两位小数，最后再将结果保存到data["3月"]这一列。结果见表2-2-5。

表2-2-5 "3月"列转换成百分制

序号	姓名	学号	3月	5月技能成绩	期末技能
1	皮朝峰	2019DS1101	33.33	40	58
2	潘红	2019DS1110	100.00	60	60
3	桑超	2019DS1111	91.67	30	60
…	…	…	…	…	…
45	齐小东	2019DS1105	0.00	44	60
46	陶姣姣	2019DS1109	100.00	30	60
47	涂德燕	2019DS1147	91.67	56	60

④⑤：与③的方法一样，将成绩转化为百分制，四舍五入保留两位小数。结果见表2-2-2。

一展身手

仍然对C语言成绩表进行操作，要求对缺考成绩进行替换，替换方式为用成绩表中"缺考"的前一个值替换，将成绩转换为120分制。结果见表2-2-6。

表2-2-6 转换后的成绩表

序号	姓名	学号	3月	5月技能成绩	期末技能
1	皮朝峰	2019DS1101	40.0	80.0	116.0
2	潘红	2019DS1110	120.0	120.0	120.0
3	桑超	2019DS1111	110.0	60.0	120.0
4	屠星	2019DS1114	110.0	84.0	120.0

续表

序号	姓名	学号	3月	5月技能成绩	期末技能
5	丁永岗	2019DS1112	120.0	120.0	120.0
…		…	…	…	…
43	简杰	2019DS1108	120.0	112.0	120.0
44	陈成浩	2019DS1147	120.0	112.0	120.0
45	齐小东	2019DS1105	120.0	88.0	120.0
46	陶姣姣	2019DS1109	120.0	60.0	120.0
47	涂德燕	2019DS1147	110.0	112.0	120.0

微课

活动二　**为优秀学生评奖**

【问题描述】

　　学校将 2018 级高职班各专业学生某次联考成绩进行了整理汇总，形成"高职班学生成绩"工作簿。工作簿中包含 3 张工作表："划线标准""培优名单""全部学生名单"。其中，"全部学生名单"表见表 2-2-7。

表 2-2-7　"全部学生名单"表

专业类别	姓名	联考文化总分	入学考文化总分	文化平均	联考专业总分	入学考专业总分	专业平均	班级
计算机类	莫永生	266.5	246.0	266.50	399.0	0.0	399.00	2018 级电商秋 3 班
计算机类	屈超	226.0	222.0	224.00	410.0	426.0	418.00	2018 级电商秋 3 班
计算机类	闵小芳	213.0	214.0	213.50	349.0	369.0	359.00	2018 级电商秋 3 班
计算机类	邹永婷	138.0	109.5	123.75	283.0	125.5	204.25	2018 级电商春 7 班
…	…	…	…	…	…	…	…	…
汽车类	姜攀	165.0	0.0	82.50	267.0	231.0	249.00	2018 级汽车春 1 班
汽车类	申杨霞	85.0	80.0	82.50	148.0	280.0	214.00	2018 级汽车春 1 班
汽车类	左娟	84.0	77.0	80.50	308.0	192.0	250.00	2018 级汽车春 1 班
汽车类	冉滔	0.0	151.5	75.75	180.0	260.0	220.00	2018 级汽车春 1 班

　　现要求根据"联考文化总分"和"联考专业总分"的总成绩对高职班全部学生进行评奖，即将分数转换成等级奖。

　　●输出结果：

　　输出结果见表 2-2-8。

表 2-2-8 转换为等级后的"全部学生名单"表

专业类别	姓名	联考文化总分	入学考文化总分	文化平均	联考专业总分	入学考专业总分	专业平均	班级	等级奖
计算机类	莫永生	266.5	246.0	266.50	399.0	0.0	399.00	2018 级电商秋 3 班	一等
计算机类	屈超	226.0	222.0	224.00	410.0	426.0	418.00	2018 级电商秋 3 班	一等
计算机类	闵小芳	213.0	214.0	213.50	349.0	369.0	359.00	2018 级电商秋 3 班	一等
计算机类	邹永婷	138.0	109.5	123.75	283.0	125.5	204.25	2018 级电商春 7 班	二等
…	…	…	…	…	…	…	…	…	…
汽车类	姜攀	165.0	0.0	82.50	267.0	231.0	249.00	2018 级汽车春 1 班	二等
汽车类	申杨霞	85.0	80.0	82.50	148.0	280.0	214.00	2018 级汽车春 1 班	三等
汽车类	左娟	84.0	77.0	80.50	308.0	192.0	250.00	2018 级汽车春 1 班	二等
汽车类	冉滔	0.0	151.5	75.75	180.0	260.0	220.00	2018 级汽车春 1 班	三等

【题前思考】

根据问题描述，填写表 2-2-9。

表 2-2-9 问题分析

问题描述	问题解答
怎样选取指定项并求和	
怎样将分数转化为等级奖	

【操作提示】

用 loc 属性切片，从 DataFrame 中选取与联考总分相关的数据列。再使用 apply() 函数，自动遍历每一行 DataFrame 的数据，并且对这些数据求和；最后使用 pandas.cut() 把数据分割成离散的值，将求得的联考总分转换成等级奖。

【程序代码】

```
import pandas as pd
import numpy as np
data = pd.read_excel(r"D:\pydata\ 项目二 \ 高职班学生成绩 .xlsx",sheet_name =
                "全部学生名单")                                                    ①
data[" 联考总分 "] = data.loc[: ,[" 联考专业总分 "," 联考文化总分 "]].apply(np.sum,axis = 1)②
data[" 等级奖 "] = pd.cut(data[" 联考总分 "],bins=3,labels=[" 三等 "," 二等 "," 一等 "])③
print(data )
```

【代码分析】

①：读取"高职班学生成绩 .xlsx"工作簿中的"全部学生名单"工作表。参数 sheet_name 指定工作簿中要读取的工作表名称。

②：计算联考总分。

• loc[: ,[" 联考专业总分 "," 联考文化总分 "]] 选取"联考专业总分"和"联考文化总分"列所有行的数据；其中":"代表所有行。选取的结果见表 2-2-10。

表 2-2-10　选取"联考专业总分"列和"联考文化总分"列

联考专业总分	联考文化总分
399.0	266.5
410.0	226.0
349.0	213.0
283.0	138.0
143.0	128.0
...	...
234.0	87.0
267.0	165.0
148.0	85.0
308.0	84.0
180.0	0.0

• apply(np.sum,axis = 1) 对选出来的列求和。apply( ) 函数自动遍历数据框的每一行，并且对这些数据执行 np.sum( ) 函数求和（"联考专业总分"和"联考文化总分"两列数据求和），将计算结果作为一个序列返回，其中，axis=1 表示把一行数据作为序列传递给 np.sum( ) 作为参数求和。最后将返回的数据存入 data[" 联考总分 "]，添加到数据最后一列。结果见表 2-2-11。

表 2-2-11　添加"联考总分"列

专业类别	姓名	联考文化总分	...	联考专业总分	...	班级	联考总分
计算机类	莫永生	266.5	...	399.0	...	2018 级电商秋 3 班	665.5
计算机类	屈超	226.0	...	410.0	..	2018 级电商秋 3 班	636.0
计算机类	闵小芳	213.0	...	349.0	...	2018 级电商秋 3 班	562.0
计算机类	邹永婷	138.0	...	283.0	...	2018 级电商春 7 班	421.0
...	...	...	...	...	...	...	...
汽车类	姜攀	165.0	...	267.0	..	2018 级汽车春 1 班	432.0
汽车类	申杨霞	85.0	...	148.0	...	2018 级汽车春 1 班	233.0
汽车类	左娟	84.0	...	308.0	..	2018 级汽车春 1 班	392.0
汽车类	冉滔	0.0	...	180.0	..	2018 级汽车春 1 班	180.0

③：把 data[" 联考总分 "] 数据分割成 3 个不同的分数段并打上等级标签，其中 bins 用来指定分割的区间个数，labels 用于指定对应区间的等级标签。cut( ) 函数将"联考总分"列的分数区间 74~687 分成了 3 个分数段 [[74,278],[279,483],[484,687]]，这 3 个分数段的宽度在 204 左右（（687-74）/3）。默认情况下，cut( ) 函数会将第一个位置参数的值区间划分成 bins 个宽度尽量相同的连续子区间，再按区间为每个值打上参数 labels 指定的标签，所以 bins 必须等于列表 labels 的长度。转换之后的结果见表 2-2-8。

【优化提升】

默认情况下，cut() 函数会按值的区间均匀地划分子区间，很多时候这并不是理想的结果。有时候需要指定各区间的边界，有时候需要按比例划分区间，下面从两个方面进行优化。

1. 指定区间边界

考试总分是 750 分，将分数的 90%、80%、70% 作为 3 个等级的边界，即（-1，524] 分数段的成绩无等级，(524,599] 分数段的成绩为三等，(599,674] 分数段的成绩为二等，(674,750] 分数段的成绩为一等。程序修改如下：

```
import pandas as pd
import numpy as np
data = pd.read_excel(r"D:\pydata\ 项目二 \ 高职班学生成绩 .xlsx",
                     sheet_name = " 全部学生名单 ")
data[" 联考总分 "] = data.loc[: ,[" 联考专业总分 "," 联考文化总分 "]].apply(np.sum , axis = 1)
data[" 等级奖 "] = pd.cut(data[" 联考总分 "],bins=[-1,524,599,674,750],
                     labels=[""," 三等 "," 二等 "," 一等 "])
print(data.sort_values(" 联考总分 ",ascending=False).head(10))
```

程序按 " 联考总分 " 输出前 10 位学生的信息，见表 2-2-12。

表 2-2-12　指定边界划分等级

专业类别	姓名	联考文化总分	入学考文化总分	文化平均	联考专业总分	入学考专业总分	专业平均	班级	联考总分	等级奖
会计类	车星	268.0	264.0	266.00	419.0	338.0	378.50	2018 级电商 2 班（会计高职）	687.0	一等
计算机类	莫永生	266.5	缺考	266.50	399.0	0.0	399.00	2018 级电商秋 3 班	665.5	二等
会计类	桑传超	246.0	235.0	240.50	412.0	340.5	376.25	2018 级电商 2 班（会计高职）	658.0	二等
计算机类	屈超	226.0	222.0	224.00	410.0	426.0	418.00	2018 级电商秋 3 班	636.0	二等
计算机类	匡心鑫	212.0	缺考	212.00	413.0	0.0	413.00	2018 级电商秋 3 班	625.0	二等
计算机类	左弘杨	205.5	193.5	199.50	406.0	404.0	405.00	2018 级电商秋 3 班	611.5	二等
计算机类	车林	194.0	171.0	182.50	399.0	382.0	390.50	2018 级电商秋 3 班	593.0	三等
计算机类	莫璐	197.0	缺考	197.00	393.0	0.0	393.00	2018 级电商秋 3 班	590.0	三等
会计类	涂银	220.5	189.0	204.75	368.0	316.9	342.45	2018 级电商 2 班（会计高职）	588.5	三等
计算机类	谌诚亚	182.5	缺考	182.50	402.0	0.0	402.00	2018 级电商秋 3 班	584.5	三等

2. 根据比例划分

很多时候，获奖是按总人数的占比来划分的，假如一等奖占比 10%，二等奖占比 20%，三等奖占比 30%，其他无等级。像这样的情况可以使用 qcut( ) 函数来划分，程序修改如下：

```
import pandas as pd
import numpy as np
data = pd.read_excel(r"D:\pydata\ 项目二 \ 高职班学生成绩 .xlsx",sheet_name = " 全 \
部学生名单 ")
data["联考总分"] = data.loc[ : ,["联考专业总分","联考文化总分"]].apply(np.sum,axis = 1)
data["等级奖"] = pd.qcut(data["联考总分"],q=[0,0.4,0.7,0.9,1],labels=["","三等",\
" 二等 "," 一等 "])
print(data)
```

程序执行结果见表 2-2-13。

表 2-2-13　根据比例划分等级

专业类别	姓名	联考文化总分	入学考文化总分	文化平均	联考专业总分	入学考专业总分	专业平均	班级	联考总分	等级奖
计算机类	莫永生	266.5	缺考	266.50	399.0	0.0	399.00	2018 级电商秋 3 班	665.5	一等
计算机类	屈超	226.0	222.0	224.00	410.0	426.0	418.00	2018 级电商秋 3 班	636.0	一等
计算机类	闵小芳	213.0	214.0	213.50	349.0	369.0	359.00	2018 级电商秋 3 班	562.0	一等
计算机类	邹永婷	138.0	109.5	123.75	283.0	125.5	204.25	2018 级电商春 7 班	421.0	三等
计算机类	翁夏垚	128.0	123.0	125.50	143.0	138.5	140.75	2018 级电商春 7 班	271.0	
…	…	…	…	…	…	…	…	…	…	…
汽车类	肖文豪	87.0	86.5	86.75	234.0	224.0	229.00	2018 级汽车春 1 班	321.0	
汽车类	姜攀	165.0	0.0	82.50	267.0	231.0	249.00	2018 级汽车春 1 班	432.0	三等
汽车类	申杨霞	85.0	80.0	82.50	148.0	280.0	214.00	2018 级汽车春 1 班	233.0	
汽车类	左娟	84.0	77.0	80.50	308.0	192.0	250.00	2018 级汽车春 1 班	392.0	
汽车类	冉滔	0.0	151.5	75.75	180.0	260.0	220.00	2018 级汽车春 1 班	180.0	

一展身手

对"全部学生名单"表进行统计，要求根据表中的"专业平均"数据进行评优，将专业平均成绩转化为"优、良、中、差"。专业课的总分为 450 分，(-1,269] 为差，(269,314] 为中，

(314,359] 为良，(359,450] 为优，最终结果见表 2-2-14。

表 2-2-14 评优后的"全部学生成绩"表

专业类别	姓名	联考文化总分	入学考文化总分	文化平均	联考专业总分	入学考专业总分	专业平均	班级	等级奖
计算机类	莫永生	266.5	缺考	266.50	399.0	0.0	399.00	2018 级电商秋 3 班	优
计算机类	屈超	226.0	222.0	224.00	410.0	426.0	418.00	2018 级电商秋 3 班	优
计算机类	闵小芳	213.0	214.0	213.50	349.0	369.0	359.00	2018 级电商秋 3 班	良
计算机类	邹永婷	138.0	109.5	123.75	283.0	125.5	204.25	2018 级电商春 7 班	差
计算机类	翁夏垚	128.0	123.0	125.50	143.0	138.5	140.75	2018 级电商春 7 班	差
…	…	…	…	…	…	…	…	…	…
汽车类	肖文豪	87.0	86.5	86.75	234.0	224.0	229.00	2018 级汽车春 1 班	差
汽车类	姜攀	165.0	0.0	82.50	267.0	231.0	249.00	2018 级汽车春 1 班	差
汽车类	申杨霞	85.0	80.0	82.50	148.0	280.0	214.00	2018 级汽车春 1 班	差
汽车类	左娟	84.0	77.0	80.50	308.0	192.0	250.00	2018 级汽车春 1 班	差
汽车类	冉滔	0.0	151.5	75.75	180.0	260.0	220.00	2018 级汽车春 1 班	差

活动三 规范化成绩表标题

微课

【 问题描述 】

学校对各专业培优班学生某学年联考成绩进行了汇总，成绩见表 2-2-15。

表 2-2-15 培优班学生成绩

zylb	xm	wh1	wh2	wh_pjf	zy1	zy2	zy_pjf	bj
电子技术类	于瑶	254.5	246.0	250.25	136.0	176.0	156.00	2018 级机电 9 班
电子技术类	魏快	218.5	231.0	224.75	144.0	152.0	148.00	2018 级机电 9 班
电子技术类	乔蕊君	210.5	213.0	211.75	130.0	140.0	135.00	2018 级机电 9 班
会计类	车星	268.0	264.0	266.00	419.0	338.0	378.50	2018 级电商 2 班
…	…	…	…	…	…	…	…	…
旅游类	宗子文	169.5	149.0	159.25	322.0	0.0	322.00	2018 级航旅春 6 班
旅游类	隆雪	176.0	142.0	159.00	353.0	0.0	353.00	2018 级航旅秋 3 班

续表

zylb	xm	wh1	wh2	wh_pjf	zy1	zy2	zy_pjf	bj
旅游类	乔峻冬	142.0	172.0	157.00	339.0	0.0	339.00	2018 级航旅春 6 班
旅游类	岑志豪	167.0	144.0	155.50	295.0	326.0	310.50	2018 级航旅秋 2 班

　　由于统计人员不认真，将成绩表的列标题用拼音缩写表示，这样不利于后期进行查阅和分析，现要求规范化成绩表列标题，将列标题修改为中文，并调整列的顺序，将第一列（"专业类"列）移动到"文化平均"列后面。

　　● 输出结果：

　　输出结果见表 2-2-16。

表 2-2-16　规范后的学生成绩表

姓名	文化 1	文化 2	文化平均	专业类	专业 1	专业 2	专业平均	班级
于瑶	254.5	246.0	250.25	电子技术类	136.0	176.0	156.00	2018 级机电 9 班
魏快	218.5	231.0	224.75	电子技术类	144.0	152.0	148.00	2018 级机电 9 班
乔蕊君	210.5	213.0	211.75	电子技术类	130.0	140.0	135.00	2018 级机电 9 班
车星	268.0	264.0	266.00	会计类	419.0	338.0	378.50	2018 级电商 2 班
桑传超	246.0	235.0	240.50	会计类	412.0	340.5	376.25	2018 级电商 2 班
…	…	…	…	…	…	…	…	…
杜福意	175.0	145.5	160.25	旅游类	327.0	0.0	327.00	2018 级航旅秋 3 班
宗子文	169.5	149.0	159.25	旅游类	322.0	0.0	322.00	2018 级航旅春 6 班
隆雪	176.0	142.0	159.00	旅游类	353.0	0.0	353.00	2018 级航旅秋 3 班
乔峻冬	142.0	172.0	157.00	旅游类	339.0	0.0	339.00	2018 级航旅春 6 班
岑志豪	167.0	144.0	155.50	旅游类	295.0	326.0	310.50	2018 级航旅秋 2 班

【题前思考】

　　根据问题描述，填写表 2-2-17。

表 2-2-17　问题分析

问题描述	问题解答
怎样修改表格的列标题	
如何调整列索引的顺序	

【操作提示】

　　通过对 DataFrame.columns 赋值可以修改列标题；将需要移动的列数据提取出来存储，用 data.drop( ) 删掉原来的列数据；再使用 insert( ) 将提取出来的数据列插入到指定位置。

【程序代码】

```
import pandas as pd
data = pd.read_excel(r"D:\pydata\ 项目二 \ 培优班学生成绩表 .xlsx")    ①
data.columns = [" 专业类 "," 姓名 "," 文化 1"," 文化 2"," 文化平均 "," 专业 1",
```

```
"专业2","专业平均","班级"]                                                    ②
major = data['专业类']                                                        ③
data = data.drop([" 专业类 "], axis=1)                                        ④
data.insert(4," 专业类 ",major)                                               ⑤
print(data)
```

【代码分析】

①：使用 read_excel( ) 读取数据并保存到变量 data 中。

②：通过对 data.columns 属性赋值修改索引标签即列标题。修改后的数据框见表 2-2-18。

表 2-2-18　修改后的列索引

专业类	姓名	文化 1	文化 2	文化平均	专业 1	专业 2	专业平均	班级
电子技术类	于瑶	254.5	246.0	250.25	136.0	176.0	156.00	2018 级机电 9 班
电子技术类	魏快	218.5	231.0	224.75	144.0	152.0	148.00	2018 级机电 9 班
电子技术类	乔蕊君	210.5	213.0	211.75	130.0	140.0	135.00	2018 级机电 9 班
会计类	车星	268.0	264.0	266.00	419.0	338.0	378.50	2018 级电商 2 班
会计类	桑传超	246.0	235.0	240.50	412.0	340.5	376.25	2018 级电商 2 班
…	…	…	…	…	…	…	…	…
旅游类	杜福意	175.0	145.5	160.25	327.0	0.0	327.00	2018 级航旅秋 3 班
旅游类	宗子文	169.5	149.0	159.25	322.0	0.0	322.00	2018 级航旅春 6 班
旅游类	隆雪	176.0	142.0	159.00	353.0	0.0	353.00	2018 级航旅秋 3 班
旅游类	乔峻冬	142.0	172.0	157.00	339.0	0.0	339.00	2018 级航旅春 6 班
旅游类	岑志豪	167.0	144.0	155.50	295.0	326.0	310.50	2018 级航旅秋 2 班

③：data[' 专业类 '] 使用列索引获取"专业类"列所有数据，并将结果保存到变量 major 中。major 序列的值如下：

```
0    电子技术类
1    电子技术类
2    电子技术类
3     会计类
4     会计类
    …
84    旅游类
85    旅游类
86    旅游类
87    旅游类
88    旅游类
```

Name: 专业类 ,Length: 89, dtype:object

④：使用 drop( ) 方法将"专业类"列数据删除，其中 axis=1 代表删除列。drop( ) 方法

不在原有数据上操作，会返回删除之后的副本。删除列之后的数据框见表 2-2-19。

表 2-2-19　删除"专业类"列

姓名	文化 1	文化 2	文化平均	专业 1	转业 2	专业平均	班级
于瑶	254.5	246.0	250.25	136.0	176.0	156.00	2018 级机电 9 班
魏快	218.5	231.0	224.75	144.0	152.0	148.00	2018 级机电 9 班
乔蕊君	210.5	213.0	211.75	130.0	140.0	135.00	2018 级机电 9 班
车星	268.0	264.0	266.00	419.0	338.0	378.50	2018 级电商 2 班
...	...	...	...	...	...	...	...
宗子文	169.5	149.0	159.25	322.0	0.0	322.00	2018 级航旅春 6 班
隆雪	176.0	142.0	159.00	353.0	0.0	353.00	2018 级航旅秋 3 班
乔峻冬	142.0	172.0	157.00	339.0	0.0	339.00	2018 级航旅春 6 班
岑志豪	167.0	144.0	155.50	295.0	326.0	310.50	2018 级航旅秋 2 班

⑤：用 insert( ) 方法将储存在 major 中的数据插入到第 5 列的位置，原第 5 列及其后的所有列往后顺移。新插入的列名称为 major 序列名称"专业类"。插入后的数据框见表 2-2-16。

【优化提升】

数据框有 reindex( ) 方法可以对数据框的行或列进行重新排列。使用 reindex( ) 方法对程序进行改写后的代码如下所示，程序输出结果与上例完全相同。

```
import pandas as pd
data = pd.read_excel(r"D:\pydata\ 项目二 \ 培优班学生成绩表 .xlsx")
data.columns = [" 专业类 "," 姓名 "," 文化 1"," 文化 2"," 文化平均 "," 专业 1",
                " 专业 2"," 专业平均 "," 班级 "]
data=data.reindex(columns=[" 姓名 "," 文化 1"," 文化 2"," 文化平均 ",
                " 专业类 "," 专业 1"," 专业 2"," 专业平均 "," 班级 "])
print(data)
```

【技术全貌】

在实际数据处理过程中，经常需要对行列索引进行操作，在 pandas 中涉及索引操作的方法和函数有很多，表 2-2-20 列举了其中与本项目相关的一些内容，更多的内容请参考官网文档。

索引操作

表 2-2-20　修改索引的相关方法

语法	解释
DataFrame.columns	返回给定 Dataframe 的列标签。
DataFrame.drop ([labels, axis, index, columns, level, inplace, errors])	从行或列中删除指定的标签。 参数： labels：单个标签或类似列表。要删除的索引或列标签。 axis：{0 或 'index', 1 或 'columns'}，默认为 0，是否从行（0 或 '索引'）或列（1 或 '列'）中删除标签。

续表

语法	解释
DataFrame.drop ([labels，axis，index，columns，level，inplace，errors])	index：指出要删除的行索引标签或行索引标签列表。 columns：指出要删除的列索引标签或列索引标签列表。 level：int 或 level name，可选。对于 MultiIndex，将从中删除标签的级别。 inplace： bool，默认为 False。如果为 True，则执行就地操作并返回 None。 errors ：{'ignore', 'raise'}，默认为 "raise"。 返回值：DataFrame
DataFrame.insert([loc，column, value, allow_duplicates])	将列插入到 DataFrame 中的指定位置。 参数： loc：int。插入索引，必须验证 0 <= loc <= len（columns）。 column：字符串、数字或 hashable 对象。插入列的标签。 value：int、series 或类似数组的值。 allow_duplicates：布尔值，可选
DataFrame.pop([item])	返回 item 并从 frame 中删除。如果找不到，会引发 KeyError。 参数： item：str。要的列的标签。 返回值：Series
reindex(labels=None, index=None, columns=None, axis=None, method=None, copy=True, level=None, fill_value=nan, limit=None, tolerance=None) [source]	按 index 或 columns 给出的列表重新排列行索引或列索引。 参数： labels：新标签 / 索引使 "axis" 指定的轴与之一致。 index、columns：要符合的新标签 / 索引。最好是一个 Index 对象，以避免重复数据。 axis：轴。可以是轴名称（"index"，"columns"）或数字 (0、1)。 method:{None, "backfill"/"bfill", "pad"/"ffill", "nearest"}，可选。 copy：即使传递的索引相同，也返回一个新对象。 level：在 MultiIndex 指定级别上匹配索引值。 fill_value：使用此值填充现有的缺失值 (NaN) limit：向前或向后填充的最大连续元素数。 返回：重新索引的 DataFrame

一展身手

对以上活动中完成的成绩表进行操作,修改列标题"文化 1"和"文化 2"分别为"文化综合 1"和"文化综合 2"；修改"专业 1"和"专业 2"分别为"专业综合 1"和"专业综合 2"；使用 drop() 或 pop() 和 insert() 方法将"班级"列移动到"姓名"列后边。结果见表 2-2-21。

表 2-2-21 调整列索引后的成绩表

姓名	班级	文化综合 1	文化综合 2	文化平均	专业类	专业综合 1	转业综合 2	专业平均
于瑶	2018 级机电 9 班	254.5	246.0	250.25	电子技术类	136.0	176.0	156.00
魏快	2018 级机电 9 班	218.5	231.0	224.75	电子技术类	144.0	152.0	148.00
乔蕊君	2018 级机电 9 班	210.5	213.0	211.75	电子技术类	130.0	140.0	135.00

续表

姓名	班级	文化综合1	文化综合2	文化平均	专业类	专业综合1	专业综合2	专业平均
车星	2018 级电商 2 班	268.0	264.0	266.00	会计类	419.0	338.0	378.50
…	…	…	…	…	…	…	…	…
宗子文	2018 航旅春 6 班	169.5	149.0	159.25	旅游类	322.0	0.0	322.00
隆雪	2018 级航旅秋 3 班	176.0	142.0	159.00	旅游类	353.0	0.0	353.00
乔峻冬	2018 航旅春 6 班	142.0	172.0	157.00	旅游类	339.0	0.0	339.00
岑志豪	2018 级航旅秋 2 班	167.0	144.0	155.50	旅游类	295.0	326.0	310.50

项目小结

　　本项目我们学习了使用 pandas 清洗数据的方法，包括缺失值处理、重复值处理、数据离散化、转换数据、修改索引等。缺失值和重复值的处理包括替换和删除，能实现替换操作的是 fillna( ) 和 replace( ) 方法，能实现删除操作的是 drop_duplicates( ) 和 drop( ) 方法。数据转换就是将不符合要求的数据进行转换，astype( ) 方法实现强制转换数据类型，cut( ) 方法将数据转换成离散值。可以通过对 DataFrame.columns 属性赋值修改列索引，也可以用 reindex( ) 方法重置索引，还可以使用 append( ) 方法在行的末尾追加行，用 insert( ) 方法在指定位置插入行或列。

自我检测

一、选择题

1. pandas 中读取 csv 数据文件的函数是（　　　）。

　　A. read_excel( )　　　　　　B. read_csv( )　　　　　　C. read( )　　　　　　D. see( )

2. 缺失值替换可以使用（　　　）方法。

　　A. fillna( )　　　　　　B. fill( )　　　　　　C. replacement( )　　　　　　D. place( )

3. 关于 cut( ) 方法参数 bins 和 labels 的说法中，正确的是（　　　）。

　　A. labels 表示被分割后的区间数　　　　　　B. labels 表示为区间宽度

　　C. bins 表示被分割后的区间数　　　　　　D. bins 表示为区间设置的标签

4. 输入 round(67.256233, 2)，输出结果正确的是（　　　）。

　　A. 67　　　　　　B. 67.256233　　　　　　C. 68　　　　　　D. 67.26

5. pandas 中使用 append( ) 方法添加数据时，下列说法正确的是（　　　）。

　　A. 在第一列前添加数据列　　　　　　B. 在第一行前添加数据行

　　C. 在末尾追加其他列　　　　　　D. 在末尾追加其他行

二、填空题

1. pandas 中删除重复数据的方法是_____。

2. pandas 中读取 Excel 工作簿数据时，可以用参数_____指定工作表。

3. 创建数据框：data=pd.DataFrame([[1,2],[3,4],[5,6]])，那么 data.loc[1: , :] 的结果是_____。

4. 使用 replace 进行数据替换时，inplace=True 表示_____。

5. 在数据框添加数据行或列可以使用_____或_____方法。

三、编写程序

表 2-2-22 所示是 4 名同学的期末考试成绩（数据表自己创建）。完成以下任务：

表 2-2-22　期末考试成绩表

	Math	Chinese	English	Physics
LiLei	94	90	80	60
HanMeimei	76	56	68	58
ZhouQi	91	88	89	98
MaHua	72	54	82	62
ZhouQi	91	88	89	98

（1）删除数据表中的重复项，保留第一次出现的重复数据。

（2）请在表格中插入新的一列，列名为"Average"，数值分别为每个同学的平均成绩，保留 1 位小数。

（3）根据平均成绩为学生评奖，评出一、二、三等。（90 分及以上为一等、80~89 分为二等、60~79 分为三等）

（4）修改数据表"Chinese"列的名称为"语文"。

（5）使用 sort_values( )，使数据根据"等级奖"和"Average"进行降序排列。

结果见表 2-2-23。

表 2-2-23　成绩统计表

	Math	语文	English	Physics	Average	等级奖
ZhouQi	91	88	89	98	91.5	一等
LiLei	94	90	80	60	81.0	二等
MaHua	72	54	82	62	67.5	三等
HanMeimei	76	56	68	58	64.5	三等

（6）将结果保存到 Excel 文件中，命名为"期末获奖情况 .xlsx"。

项目评价

任务	标准	配分/分	得分/分
处理数据中的缺失值和重复值	能描述 fillna( ) 和 drop_duplicates( ) 方法的作用和各参数的含义	10	
	能使用 fillna( ) 方法按要求替换缺失值	10	
	能使用 drop_duplicates( ) 方法按要求去除重复值	10	
转换数据	能描述 replace( )、astype( ) 方法的作用和各参数的含义	10	
	能描述 cut( ) 函数的作用和各参数的含义	10	
	能描述 drop( ) 和 insert( ) 方法的作用和各参数的含义	10	
	能使用 replace( )、astype( ) 方法按要求进行数据替换和类型转换	10	
	能使用 insert( ) 函数在指定位置插入行或列	10	
	能使用 cut( ) 函数将数据转换成离散值	10	
	能使用 reindex( ) 方法调整行列顺序	10	
总分		100	

PHP 中的中国专家——惠新宸

惠新宸于 2011 年 8 月作为核心开发人员加入 PHP 语言官方开发组，目前是该组织中唯一的一位中国人，也是国内最具影响力的 PHP 技术专家。惠新宸作为 Zend 公司外聘顾问，负责 PHP Zend 引擎以及 Zend Optimizer+ 的开发和维护。作为核心开发者，参与开发了性能提升版本的 PHP New Generation(PHP7)，作为 Zend 引擎面世以来最大的一次重构，PHP7 相比 PHP5.6 在实际产品中实现了最高超过 100% 的性能提升，并且为将来的进一步性能优化做好了基础准备。鉴于惠新宸在 PHP 项目中的重要贡献，从 PHP5.6 版本开始，惠新宸 (Xinchen Hui) 的名字已经列在了 PHP Credits 的 Zend 引擎作者之列。

项目三　分组统计数据

　　我们在现实生活中遇到的数据往往是大量的、无序的，如新生报到表中的同学来自不同的初中学校，校技能大赛获奖表中不同班级的同学分别获得不同的等级奖项。为了从这些大量且无序的数据中提取我们想要的信息，就需要对数据进行分组统计，如在新生报到表中把来自同一初中学校的同学分成一组，在校技能大赛获奖表中，把来自同一班级的同学分成一组、把获得校一等奖的同学分成一组等，然后再对各个分组进行数据处理和分析。我们可以利用groupby( )方法和其他函数对数据进行分组统计，最终得到我们想要的信息。

/////////// **项目目标** ///////////

知识目标：

能描述 groupby( ) 方法的作用和参数含义；

能列举常用的统计方法；

能描述 lambda 函数的语法结构；

能描述 transform( ) 方法的作用。

技能目标：

能使用 groupby( ) 方法分组统计数据；

能使用 pandas 的内置函数对数据进行分组统计；

能使用 agg 函数提升程序运行效率；

能使用自定义函数对数据进行分组统计；

能使用 transform( ) 方法进行数据转换。

思政目标：

培养不断探索大数据技术领域的热情。

任务一　使用内置函数对数据进行分组统计

DataFrame 提供了一个灵活高效的 groupby( ) 方法，它使用户能以一种自然的方式对数据集进行分组统计操作。根据一个或多个键（可以是函数、数组或 DataFrame 列名）将数据框拆分成多个分组然后再对各个分组进行各种统计操作，如计数、求平均值、求标准差等，甚至可以执行用户自定义函数。

 活动一 **为各类获奖同学准备奖金**

【问题描述】

请对某学校 2019—2020 学年奖学金名单进行分析，如果一等奖奖金 300 元，二等奖奖金 200 元，三等奖奖金 100 元，请统计一、二、三等奖的奖学金各需要多少钱？奖学金名单见表 3-1-1。

表 3-1-1　2019—2020 学年奖学金名单

专业部	班级	姓名	获奖等级	联系电话	班主任
电子商务部	2018 级电商春 1 班	莫永生	一等奖	12302314122	任国强
电子商务部	2018 级电商春 1 班	屈超	一等奖	12983713240	任国强
电子商务部	2018 级电商春 1 班	闵小芳	一等奖	12384099595	任国强
电子商务部	2018 级电商春 1 班	邹永婷	二等奖	12023628214	任国强
电子商务部	2018 级电商春 1 班	翁夏垚	二等奖	12716424098	任国强
…	…	…	…	…	…
电子商务部	2019 级电商秋 2 班	车星	二等奖	12102399713	王强
电子商务部	2019 级电商秋 2 班	桑传超	三等奖	12782106411	王强
电子商务部	2019 级电商秋 2 班	贾进	三等奖	12123652391	王强
电子商务部	2019 级电商秋 2 班	伯鑫越	三等奖	12923630786	王强
电子商务部	2019 级电商秋 2 班	鲁秀芬	三等奖	12594798048	王强

● 输出结果：

获奖等级

一等奖　5100

三等奖　2800

二等奖　4800

Name: 奖学金 , dtype: int64

【题前思考】

根据问题描述，填写表 3-1-2。

表 3-1-2　问题分析

问题描述	问题解答
应该根据什么对数据进行分组	
分组之后应该进行哪种运算	

【操作提示】

首先是定义一个字典来映射获奖等级和奖学金的对应关系，运用内置的 map( ) 函数求出每位获奖同学的应得奖学金，然后调用 DataFrame 的 groupby( ) 方法对获奖等级分组，最后对各分组的奖学金求和。

【程序代码】

```
import pandas as pd
df = pd.read_excel(r"D:\pydata\ 项目三 \2019-2020 学年奖学金名单 .xlsx", header=1) ①
dic = {' 一等奖 ': 300, ' 二等奖 ': 200, ' 三等奖 ': 100}                         ②
df[' 奖金 '] = df[' 获奖等级 '].map(dic)                                        ③
df = df[" 奖学金 "].groupby(df[" 获奖等级 "]).sum( )                             ④
print(df)
```

【代码分析】

①：读取 Excel 文件”2019-2020 学年奖学金名单 .xlsx”第一个工作表至数据框 df 中。参数 header=1 表示第 1 行是列标题，数据从第 2 行开始，行数从 0 开始计数。这个 Excel 文件的第 1 行有一个文件标题，如图 3-1-1 所示。

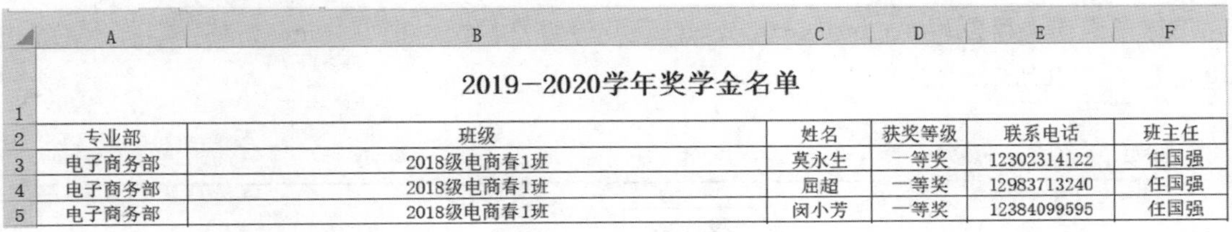

	A	B	C	D	E	F
1	2019−2020学年奖学金名单					
2	专业部	班级	姓名	获奖等级	联系电话	班主任
3	电子商务部	2018级电商春1班	莫永生	一等奖	12302314122	任国强
4	电子商务部	2018级电商春1班	屈超	一等奖	12983713240	任国强
5	电子商务部	2018级电商春1班	闵小芳	一等奖	12384099595	任国强

图 3-1-1　2019—2020 学年奖学金名单

②：定义一个字典，映射获奖等级和奖学金的关系。一等奖奖金 300 元，二等奖奖金 200 元，三等奖奖金 100 元。

③：对“获奖等级”列运用 map( ) 方法求出对应的奖学金并放到“奖学金”列。计算结果见表 3-1-3。

表 3-1-3　运用 map( ) 函数后的数据表

专业部	班级	姓名	获奖等级	联系电话	班主任	奖学金
电子商务部	2018 级电商春 1 班	莫永生	一等奖	12302314122	任国强	300
电子商务部	2018 级电商春 1 班	屈超	一等奖	12983713240	任国强	300
电子商务部	2018 级电商春 1 班	闵小芳	一等奖	12384099595	任国强	300
电子商务部	2018 级电商春 1 班	邹永婷	二等奖	12023628214	任国强	200
电子商务部	2018 级电商春 1 班	翁夏垚	二等奖	12716424098	任国强	200

续表

专业部	班级	姓名	获奖等级	联系电话	班主任	奖学金
...	...	...	...	...	...	...
电子商务部	2019 级电商秋 2 班	车星	二等奖	12102399713	王强	200
电子商务部	2019 级电商秋 2 班	桑传超	三等奖	12782106411	王强	100
电子商务部	2019 级电商秋 2 班	贾进	三等奖	12123652391	王强	100
电子商务部	2019 级电商秋 2 班	伯鑫越	三等奖	12923630786	王强	100
电子商务部	2019 级电商秋 2 班	鲁秀芬	三等奖	12594798048	王强	100

④：利用 groupby( ) 方法根据"获奖等级"列将"奖学金"列数据分为 3 组，再分别求和，并将结果保存到 df 中。

• df[" 奖学金 "].groupby(df[" 获奖等级 "]) 表示对"奖学金"列按"获奖等级"分组，得到的结果如图 3-1-2 所示。

<table>
<tr><td colspan="2" align="center">一等奖</td><td colspan="2" align="center">二等奖</td><td colspan="2" align="center">三等奖</td></tr>
<tr><td>一等奖</td><td>300</td><td>二等奖</td><td>200</td><td>三等奖</td><td>100</td></tr>
<tr><td>...</td><td>...</td><td>...</td><td>...</td><td>...</td><td>...</td></tr>
<tr><td>一等奖</td><td>300</td><td>二等奖</td><td>200</td><td>三等奖</td><td>100</td></tr>
</table>

图 3-1-2　按"获奖等级"分组的结果

• df[" 奖学金 "].groupby(df[" 获奖等级 "]).sum( ) 表示对每个分组结果求和，默认情况下分组将"获奖等级"设置为索引。因为结果数据只有一列，所以得到的是一个以"获奖等级"为索引的整数序列，其中的值就是各获奖等级的奖金总和。

这条语句也可以写成 df=df.groupby([" 获奖等级 "])[" 奖学金 "].sum( )，其分组统计完整过程如图 3-1-3 所示。

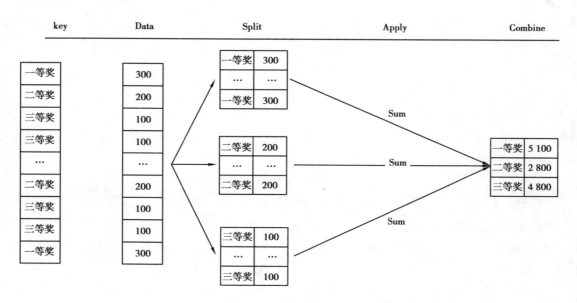

图 3-1-3　分组统计完整过程

【优化提升】

agg( ) 方法用于对分组数据做一些聚合操作，包括 sum、min、max 等，这样可以提升程序运算的效率。示例的程序，使用 agg( ) 方法后的代码如下：

```
import  pandas as pd
df = pd.read_excel(r"D:\pydata\ 项目三 \2019-2020 学年奖学金名单 .xlsx", header=1)
dic = {' 一等奖 ': 300, ' 二等奖 ': 200, ' 三等奖 ': 100}
df[' 奖金 '] = df[' 获奖等级 '].map(dic)
res = df.groupby(' 获奖等级 ').agg({' 奖金 ': 'sum'})
print(res)
```

agg({' 奖金 ': 'sum'}) 表示对分组结果中的 "奖金" 列进行求和 (sum) 运算。agg 参数是一个字典，每个项的键是列名、值是字符串表示的方法名称，表示对该列进行的统计操作。agg 参数的字典中可以有多个项，分别表示对不同的列使用不同的统计方法。

【技术全貌】

DataFrame.groupby( ) 方 法 会 返 回 pd.core.groupby.DataFrameGroupBy 类 对 象，Series.groupby( ) 方法会返回 pd.core.groupby. SeriesGroupBy 类对象，DataFrameGroupBy 类和 SeriesGroupBy 类都是 pd.core.groupby. GroupBy 类的子类，所以为了表述上的方便统称为 GroupBy 类。GroupBy 类提供了很多方法用于对分组数据进行统计，见表 3-1-4。

DataFrame
GroupBy 类

表 3-1-4　运用于 GroupBy 的常见方法

方法	描述
count	求非空值的个数
sum	求和
mean	求平均值
mad	求平均绝对离差
median	求中位数
min	求最小值
max	求最大值
abs	求绝对值
prod	求乘积
std	求标准差
var	求方差
sem	求平均值的标准误差
skew	求偏度
kurt	求无偏峰度
quantile	求样本分位数
cumsum	求累积和
cumprod	求累积连乘
cummax	求累积最大值
cummin	求累积最小值

agg( ) 方法中可以使用的方法见表 3-1-5。

表 3-1-5   agg( ) 方法中可以使用的方法

方法（字符串）	描述
count	求分组中非空值的个数
sum	求分组中非空值之和
mean	求分组中非空值的平均值
median	求分组中非空值的中值
std, var	求分组中非空值的标准差和方差
min, max	求分组中非空值的最小值和最大值
prod	求分组中非空值的乘积
first, last	求分组中非空值的第一个值和最后一个值

备注：表中的方法名称在 agg( ) 方法中应写为字符串。

一展身手

对某学校 2019—2020 学年奖学金名单进行分析，统计各班获得的奖学金，统计结果见表 3-1-6。

表 3-1-6   奖金分班统计表

班级	奖学金
2018 级电商秋 1 班	1 500
2018 级电商春 1 班	1 900
2018 级电商春 2 班	1 600
2019 级电商春 11 班	1 600
2019 级电商春 1 班	1 500
2019 级电商春 2 班	1 500
2019 级电商秋 2 班	1 600
2019 级电商春 3 班（电子商务 3+2）	1 500

微课

活动二   找出销量最少的产品

【问题描述】

请根据提供的订单数据表（见表 3-1-7），找出销售额最少的产品，销售额等于单价乘以数量。

表 3-1-7 订单数据表

订单 id	数量	名称	描述	单价
1	1	Chips and Fresh Tomato Salsa	NaN	$2.39
1	1	Izze	[Clementine]	$3.39
1	1	Nantucket Nectar	[Apple]	$3.39
1	1	Chips and Tomatillo-Green Chili Salsa	NaN	$2.39
2	2	Chicken Bowl	[Tomatillo-Red Chili Salsa (Hot), [Black Beans...	$16.98
...	...	...	...	...
1833	1	Steak Burrito	[Fresh Tomato Salsa, [Rice, Black Beans, Sour ...	$11.75
1833	1	Steak Burrito	[Fresh Tomato Salsa, [Rice, Sour Cream, Cheese...	$11.75
1834	1	Chicken Salad Bowl	[Fresh Tomato Salsa, [Fajita Vegetables, Pinto...	$11.25
1834	1	Chicken Salad Bowl	[Fresh Tomato Salsa, [Fajita Vegetables, Lettu...	$8.75
1834	1	Chicken Salad Bowl	[Fresh Tomato Salsa, [Fajita Vegetables, Pinto...	$8.75

- 输出结果：

Chips and Mild Fresh Tomato Salsa

【题前思考】

根据问题描述，填写表 3-1-8。

表 3-1-8 问题分析

问题描述	问题解答
当前数据表中的单价是什么数据类型？可以直接和数量相乘求出销售额吗	
如何求出各个商品的总销售额	
如何找出销售额最低的商品名称	

【操作提示】

首先是要将"单价"列的数据类型转化为浮点数，然后用转换后的单价和数量相乘得出订单销售额，最后通过 groupby( ) 方法得出各个商品的总销售额，就可以找到销售额最低的商品。

【程序代码】

```
import pandas as pd
data = pd.read_csv(r"D:\pydata\ 项目三 \ 订单数据表 .csv",encoding='gbk')
data["price"]=data[" 单价 "].str[1:].astype(float)                    ①
data["total"]=data[" 数量 "]*data["price"]                           ②
```

```
data = data.groupby(" 名称 ")["total"].sum( )                                    ③
data.sort_values(ascending=False,inplace=True)                                   ④
print(data.index[−1])                                                            ⑤
```

【代码分析】

①：去掉"单价"列数据前的"$"符号，然后将字符型数据转化为浮点型数据保存到以"price"为名的列，添加到数据框。单价转为浮点型的数据框见表 3-1-9。

表 3-1-9　单价转为浮点型的数据框

订单 id	数量	名称	描述	单价	price
1	1	Chips and Fresh Tomato Salsa	NaN	$2.39	2.39
1	1	Izze	[Clementine]	$3.39	3.39
1	1	Nantucket Nectar	[Apple]	$3.39	3.39
1	1	Chips and Tomatillo-Green Chili Salsa	NaN	$2.39	2.39
2	2	Chicken Bowl	[Tomatillo-Red Chili Salsa (Hot), [Black Beans...	$16.98	16.98
...	...	...	...	...	...
1833	1	Steak Burrito	[Fresh Tomato Salsa, [Rice, Black Beans, Sour ...	$11.75	11.75
1833	1	Steak Burrito	[Fresh Tomato Salsa, [Rice, Sour Cream, Cheese...	$11.75	11.75
1834	1	Chicken Salad Bowl	[Fresh Tomato Salsa, [Fajita Vegetables, Pinto...	$11.25	11.25
1834	1	Chicken Salad Bowl	[Fresh Tomato Salsa, [Fajita Vegetables, Lettu...	$8.75	8.75
1834	1	Chicken Salad Bowl	[Fresh Tomato Salsa, [Fajita Vegetables, Pinto...	$8.75	8.75

②：求出各条记录中商品的销售额（total），计算方法为 total= price(单价)* 数量。计算结果见表 3-1-10。

表 3-1-10　得到销售额的数据表

订单 id	数量	名称	描述	单价	price	total
1	1	Chips and Fresh Tomato Salsa	NaN	$2.39	2.39	2.39
1	1	Izze	[Clementine]	$3.39	3.39	3.39
1	1	Nantucket Nectar	[Apple]	$3.39	3.39	3.39
1	1	Chips and Tomatillo-Green Chili Salsa	NaN	$2.39	2.39	2.39
2	2	Chicken Bowl	[Tomatillo-Red Chili Salsa (Hot), [Black Beans...	$16.98	16.98	33.96

续表

订单 id	数量	名称	描述	单价	price	total
...	...	...	...	...	...	...
1833	1	Steak Burrito	[Fresh Tomato Salsa, [Rice, Black Beans, Sour ...	$11.75	11.75	11.75
1833	1	Steak Burrito	[Fresh Tomato Salsa, [Rice, Sour Cream, Cheese...	$11.75	11.75	11.75
1834	1	Chicken Salad Bowl	[Fresh Tomato Salsa, [Fajita Vegetables, Pinto...	$11.25	11.25	11.25
1834	1	Chicken Salad Bowl	[Fresh Tomato Salsa, [Fajita Vegetables, Lettu...	$8.75	8.75	8.75
1834	1	Chicken Salad Bowl	[Fresh Tomato Salsa, [Fajita Vegetables, Pinto...	$8.75	8.75	8.75

③：以商品名称为键，对数据进行分组求和，因为只有一列数据，所以结果是一个以商品名称为键、商品订单总销售额为值的序列，内容见表 3-1-11。

表 3-1-11　商品订单总销售额

名称	
6 Pack Soft Drink	369.93
Barbacoa Bowl	672.36
Barbacoa Burrito	894.75
...	...
Veggie Salad	50.94
Veggie Salad Bowl	182.50
Veggie Soft Tacos	90.94

④：对序列进行降序排序，也就是按商品订单总额降序排序，排序结果见表 3-1-12。

表 3-1-12　按商品订单总额降序排序结果

名称	
Chicken Bowl	8 044.63
Chicken Burrito	6 387.06
Steak Burrito	4 236.13
...	...
Carnitas Salad	8.99
Veggie Crispy Tacos	8.49
Chips and Mild Fresh Tomato Salsa	3.00

⑤：输出最后一条记录的索引值，也就是订单总额最少的商品名称，结果为 Chips and Mild Fresh Tomato Salsa。

【优化提升】

示例中的代码还有可以优化的地方，总的思路是不排序，只求销售额的最小值，此处给出两个方法。

1. 用 idxmin( ) 方法求最小值的索引

我们可以使用 idxmin( ) 方法来返回一个序列的最小值的索引，就可以求出销售额最少的商品名称，而不需要对整个序列排序，花费的时间会少很多。相应的使用 idxmax( ) 来返回一个系列的最大值的索引。代码如下：

data.groupby(" 名称 ")["total"].sum( ).idxmin( )

2. 用 nsmallest( ) 方法求序列最小值

nsmallest( ) 方法可以求出序列最小的若干个值，以升序的方式给出结果，也不需要对所有数据进行排序，所以也比较节省时间。代码如下：

data.groupby(" 名称 ")["total"].sum( ).nsmallest(1).index[0]

nsmallest(1).index 表示求序列中的最小的一个值的索引。因为此处返回的是索引而非索引标签，所以为了得到索引标签采用下标运算符取第 0 个标签得到最后结果。

【一展身手】

请根据提供的订单数据表，找出销售额最多的前 10 个商品的名称，以列表的形式输出结果。

结果为 ['Chicken Bowl', 'Chicken Burrito', 'Steak Burrito', 'Steak Bowl', 'Chips and Guacamole', 'Chicken Salad Bowl', 'Chicken Soft Tacos', 'Chips and Fresh Tomato Salsa', 'Veggie Burrito', 'Veggie Bowl']。

活动三 统计各行业每年的上市公司数量

【问题描述】

根据提供的股票列表（见表 3-1-13）统计出各个行业每年的上市公司的数量。

表 3-1-13　股票列表

代码	名称	行业	上市年份
000001	平安银行	银行	19910403.0
000002	万 科 A	全国地产	19910129.0
000004	国农科技	生物制药	19910114.0
000005	世纪星源	环境保护	19901210.0
000006	深振业 A	区域地产	19920427.0
...	...	...	...
603327	福蓉科技	元器件	0.0

续表

代码	名称	行业	上市年份
603697	有友食品	食品	20190508.0
603863	松炀资源	造纸	0.0
603967	中创物流	仓储物流	20190429.0
603982	泉峰汽车	汽车配件	0.0

● 输出结果：

输出结果见表 3-1-14。

表 3-1-14 各行业各年上市公司数量

行业	上市年份	
IT 设备	1990	1
	1994	1
	1996	1
	1997	3
	2000	1
...	...	...
黄金	2003	2
	2004	1
	2007	1
	2008	2
	2015	1

【题前思考】

根据问题描述，填写表 3-1-15。

表 3-1-15 问题分析

问题描述	问题解答
如何得出上市年份	
需要根据什么对数据分组	

【操作提示】

首先是对"上市年份"列的数据进行处理得出年份，然后以行业和年份这两个键进行分组统计，最后再利用 count( ) 函数统计上市公司数量。

【程序代码】

```
import pandas
data = pd.read_excel(r"D:\pydata\ 项目三 \ 股票列表 .xlsx",usecols=[' 代码 ',' 名称 ',
' 行业 ',' 上市年份 '])                                                    ①
data = data[data[" 上市年份 "] > 0]                                         ②
```

```
data[" 上市年份 "] = data[" 上市年份 "].astype(str).str[:4]              ③
data = data.groupby([" 行业 ", " 上市年份 "])[" 名称 "].count( )              ④
print(data)
```

【代码分析】

①：从 Excel 文件"股票列表 .xlsx"中读取"代码""名称""行业""上市年份"4 列数据。参数 usecols 指出要从 Excel 文件中读取的列的名称。

②：选取 " 上市年份 ">0 的数据行。观察这个 Excel 文件会发现，没有上市年份信息的行，该列的值为 0，" 上市年份 ">0 就表示有上市年份信息的数据行，选取结果见表 3-1-16。

表 3-1-16   有上市年份的数据行

代码	名称	行业	上市年份
1	平安银行	银行	19910403.0
2	万 科 A	全国地产	19910129.0
4	国农科技	生物制药	19910114.0
5	世纪星源	环境保护	19901210.0
6	深振业 A	区域地产	19920427.0
…	…	…	…
603068	博通集成	半导体	20190415.0
603267	鸿远电子	元器件	20190515.0
603317	天味食品	食品	20190416.0
603697	有友食品	食品	20190508.0
603967	中创物流	仓储物流	20190429.0

③：将"上市年份"列的数据类型转化为字符类型，然后取前 4 个字符。选取过程如图 3-1-4 所示。

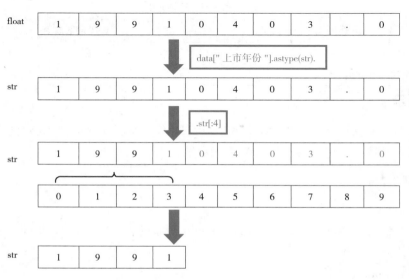

图 3-1-4   获取上市年份的过程

④：调用 groupby( ) 方法以行业为键将数据分组，再分别计数，分组计数的过程如图 3-1-5 所示。

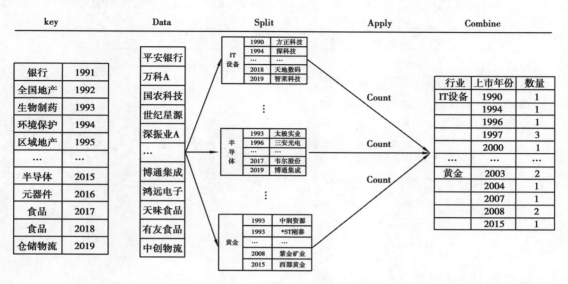

图 3-1-5 分组计数的过程

【技术全貌】

groupby( ) 方法的主要作用是进行数据的分组以及分组后对各分组进行统计，groupby( ) 方法不仅可以根据单个键分组，还可以根据多个键分组。

例如，有以下数据：

```
import pandas as pd
import numpy as np
df = pd.DataFrame(
    { "A": ["foo", "bar", "foo", "bar", "foo", "bar", "foo", "foo"],
      "B": ["one", "one", "two", "three", "two", "two", "one", "three"],
      "C": [2,7,1,3,3,2,4,8],
      "D": [100,98,87,93,99,89,92,95]}
)
```

创建的数据框见表 3-1-17。

表 3-1-17 用于分组的数据框

A	B	C	D
foo	one	2	100
bar	one	7	98
foo	two	1	87
bar	three	3	93
foo	two	3	99
bar	two	2	89

续表

A	B	C	D
foo	one	4	92
foo	three	8	95

1. 按 A 列进行分组，求 C、D 两列的均值

df.groupby('A')[['C','D']].agg('mean')

执行结果见表 3-1-18。

表 3-1-18　按 A 列分组后，求 C、D 两列的均值

A	C	D
bar	4.0	93.333 333
foo	3.6	94.600 000

2. 按 A、B 两列分组，求 C 列的均值

df.groupby(['A','B'])['C'].agg('mean').to_frame( )

最后调用 to_frame( ) 将序列转换为数据框，结果见表 3-1-19。

表 3-1-19　按 A、B 两列分组后的 C 列的均值

A	B	C
bar	one	7.0
	three	3.0
	two	2.0
foo	one	3.0
	three	8.0
	two	2.0

3. 分组后，求 foo 组的均值

groups=df.groupby('A')

groups.get_group('foo')[['C','D']].mean( ).to_frame( )

计算结果见表 3-1-20。

表 3-1-20　选择某些组进行统计

	0
C	3.6
D	94.6

4. 按 A 进行分组后，同时对 C 列求均值，D 列求和

df.groupby('A').agg({'C':'mean','D':'sum'})

计算结果见表 3-1-21。

表 3-1-21　对不同列采用不同的统计方法

A	C	D
bar	4.0	280
foo	3.6	473

5. 按 A 列分组，为 C 列和 D 列进行多种不同的统计操作

df.groupby('A').agg({'C':[(' 平均 ','mean'),(' 总和 ','sum')],'D':[(' 总和 ','sum'),(' 最大\值 ','max'),(' 最小值 ','min')]})

以上语句表示对 C 列求均值（列标签为"平均"）和求总和（列标签为"总和"），对 D 列求总和（列标签为"总和"）、最大值（列标签为"最大值"）和最小值（列标签为"最小值"）。计算结果见表 3-1-22。

表 3-1-22　对同一列采用多种不同的统计方法

	C		D		
	平均	总和	总和	最大值	最小值
bar	4.0	12	280	98	89
foo	3.6	18	473	100	87

一展身手

请根据提供的股票列表，统计各地区各个年份的新上市股票总资产的总和，统计结果见表 3-1-23。

表 3-1-23　各地区各个年份的股票总资产的总和

地区	上市年份	总资产
上海	1990	433.19
	1992	13 510.38
	1993	5 360.71
	1994	11 422.10
	1996	3 125.38
…	…	…
黑龙江	2011	106.89
	2012	36.12
	2014	55.51
	2015	98.09
	2017	25.18

任务二　使用自定义函数对数据进行分组统计

pandas 提供了很多方法用于对数据进行分组统计，如求和、求平均等。但是，实际计算中我们还需要对分组进行其他 pandas 没有提供的统计操作，如求各行业从业人员中的男性占比、求各年级学生中来自"重庆"的人数……这个时候，我们就需要专门定义一个函数来对各分组进行统计。

 统计职位信息

【问题描述】

现有用户职位统计信息表，user_id 代表用户 id 号，age 代表年龄，gender 代表性别，occupation 代表职位，zip_code 代表邮编，数据见表 3-2-1。

表 3-2-1　用户职位统计信息表

user_id	age	gender	occupation	zip_code
1	24	M	technician	85 711
2	53	F	other	94 043
3	23	M	writer	32 067
4	24	M	technician	43 537
5	33	F	other	15 213
...	...	...	...	...
939	26	F	student	33 319
940	32	M	administrator	12 215
941	20	M	student	97 229
942	48	F	librarian	78 209
943	22	M	student	77 841

请统计各职位中女性的百分比（结果保留两位小数）以及该职位女性占比在所有职位中的排名（降序）。

●输出结果：

输出结果见表 3-2-2。

表 3-2-2　输出结果

	gender	baifenbi	rank
occupation			
administrator	0.455 696	45.57%	5.0

续表

	gender	baifenbi	rank
occupation			
artist	0.464 286	46.43%	4.0
doctor	0.000 000	0.00%	21.0
educator	0.273 684	27.37%	11.0
engineer	0.029 851	2.99%	20.0
entertainment	0.111 111	11.11%	14.0
executive	0.093 750	9.38%	16.0
healthcare	0.687 500	68.75%	2.0
homemaker	0.857 143	85.71%	1.0
lawyer	0.166 667	16.67%	13.0
librarian	0.568 627	56.86%	3.0
marketing	0.384 615	38.46%	8.0
none	0.444 444	44.44%	6.0
other	0.342 857	34.29%	9.0
programmer	0.090 909	9.09%	17.0
retired	0.071 429	7.14%	18.0
salesman	0.250 000	25.00%	12.0
scientist	0.096 774	9.68%	15.0
student	0.306 122	30.61%	10.0
technician	0.037 037	3.70%	19.0
writer	0.422 222	42.22%	7.0

【题前思考】

根据问题描述，填写表 3-2-3。

表 3-2-3　问题描述

问题描述	问题解答
应该以什么字段对数据进行分组	
如何统计该职位女性的百分比	
如何得出该职位女性的百分比在所有职位中的排名	

【操作提示】

首先使用 groupby( ) 方法根据"职位"列将数据分组，然后自定义 lamba 函数求出该职位的女性百分比，最后使用 rank( ) 函数求该职位的女性占比在所有职位中的排名。

【程序代码】

```
import  pandas as pd
res=pd.read_excel(r"D:\pydata\ 项目三 \ 用户职位信息统计表 .xlsx")
```

```
res = pd.DataFrame(res.groupby('occupation')['gender'].apply(lambda x:
                   x[x=='F'].count( )/x.count( )))                              ①
res["baifenbi"]=res["gender"].apply (lambda x:f'{x:.2%}')                        ②
res["rank"]=res["gender"].rank(ascending=False)                                 ③
print(res)
```

【代码分析】

①：根据用户职位对数据框分组，然后通过自定义的 lambda 函数求出女性占该职位的百分比。分组之后，apply( ) 方法会将每个分组应用到 lambda x:x[x=='F'].count( )/x.count( ))，即以分组数据框为参数调用这个 lambda 函数。lambda 函数的参数 x 就是各个分组的数据框。x[x=='F'].count( ) 表示求各职位中的女性人数，x.count( ) 表示求各职位的总人数，两者相除就是女性人数占比。计算结果见表 3-2-4。

表 3-2-4　女性占该职位的百分比

occupation	gender
administrator	0.455 696
artist	0.464 286
doctor	0.000 000
lawyer	0.166 667
librarian	0.568 627
...	...
programmer	0.090 909
retired	0.071 429
salesman	0.250 000
scientist	0.096 774
writer	0.422 222

②：将小数转化成百分比形式。res["gender"].apply (lambda x:f'{x:.2%}') 表示将 "gender" 列应用到 lambda x:f'{x:.2%}'，即用 "gender" 列的每一个值作为参数调用 lambda x:f'{x:.2%}'，x 就是 "gender" 列的每一个值。格式字符串字面量 f'{x:.2%}' 将变量 x 转换为百分数，'.2%' 表示带 2 位小数的百分数。结果见表 3-2-5。

表 3-2-5　转百分比形式

occupation	gender	baifenbi
administrator	0.455 696	45.57%
artist	0.464 286	46.43%
doctor	0.000 000	0.00%
educator	0.273 684	27.37%
engineer	0.029 851	2.99%
...	...	...

续表

occupation	gender	baifenbi
salesman	0.250 000	25.00%
scientist	0.096 774	9.68%
student	0.306 122	30.61%
technician	0.037 037	3.70%
writer	0.422 222	42.22%

③：通过 rank( ) 方法求出该职位的女性占比在所有职位的女性占比中的排名，结果见表 3-2-2。

【优化提升】

可以将示例中的多行代码合并为一条语句，让程序更加简洁，且减少了中间变量占用的内存，但是要求对各方法的返回值非常熟悉，否则不容易理解。如果在程序执行过程中需要向数据框添加新的列，可以使用 assign( ) 方法，代码如下：

```
import  pandas as  pd
(pd.read_excel(r"D:\pydata\ 项目三 \ 用户职位信息统计表 .xlsx").groupby('occupation')
['gender'].apply(lambda x:x[x=='F'].count( )/x.count( )).to_frame( ).assign(baifenbi=
lambda x:x["gender"].apply(lambda x:f'{x:.2%}')).assign(rank=lambda x:x["gender"].
rank(ascending=False)))
```

assign( ) 方法可以向数据框添加列。

【技术全貌】

lambda 函数在 Python 编程语言中使用频率非常高，使用起来非常灵活、巧妙，其语法、特性和常见用法见表 3-2-6。

lambda 表达式

表 3-2-6　lambda 函数

语法	lambda 函数的语法只包含一条语句，表现形式如下： lambda [arg1 [,arg2,…,argn]]:expression 其中，lambda 是 Python 预留的关键字，[arg…] 和 expression 由用户自定义。 [arg…] 是参数列表，expression 是一个参数表达式
特性	·lambda 函数是匿名的： 所谓匿名函数，通俗地说就是没有名字的函数。 ·lambda 函数有输入和输出： 输入是传入参数列表 argument_list 的值，输出是根据表达式 expression 计算得到的值。 ·lambda 函数拥有自己的命名空间： 不能访问自己的参数列表之外或全局命名空间里的参数，只能完成非常简单的功能
常见用法	·将 lambda 函数赋值给一个变量，通过这个变量间接调用该 lambda 函数。 示例： add = lambda x, y: x+y 相当于定义了加法函数 lambda x, y: x+y，并将其赋值给变量 add，这样变量 add 就指向了具有加法功能的函数。

续表

常见用法	这时如果执行 add(1, 2)，其输出结果就为 3。 ·将 lambda 函数赋值给其他函数，从而将其他函数用该 lambda 函数替换。 示例： 为了把标准库 time 中的函数 sleep 的功能屏蔽，可以在程序初始化时调用 time.sleep=lambda x:None 这样，在后续代码中调用 time 库的 sleep 函数将不会执行原有的功能。 例如： time.sleep(3) 程序不会休眠 3 秒钟，而是因为 lambda 输出为 None，所以这里的结果是什么都不做。 ·将 lambda 函数作为参数传递给其他函数。 示例： ========= 一般写法 ========= ①计算平方数： def square(x): 　　return x**2 map(square,[1,2,3,4,5]) 结果 [1,4,9,16,25] ========= 匿名函数写法 ========= ②计算平方数，lambda 写法： map（lambda x:x**2,[1,2,3,4,5]） 结果 [1,4,9,16,25] ③提供两个列表，将其相同索引位置的列表元素进行相加： map(lambda x,y:x+y,[1,3,5,7,9],[2,4,6,8,10]) 结果 [3,7,11,15,19]

一展身手

根据提供的用户职位统计信息表，输出男性百分占比在所有职位男性百分占比中排名前 10 的用户职位。结果见表 3-2-7。

表 3-2-7　男性百分占比排名前 10 的用户职位

occupation	gender	baifenbi	rank
doctor	1.000 000	100.00%	1.0
engineer	0.970 149	97.01%	2.0
technician	0.962 963	96.30%	3.0
retired	0.928 571	92.86%	4.0
programmer	0.909 091	90.91%	5.0
executive	0.906 250	90.62%	6.0
scientist	0.903 226	90.32%	7.0
entertainment	0.888 889	88.89%	8.0
lawyer	0.833 333	83.33%	9.0
salesman	0.750 000	75.00%	10.0

 清洗网店销售数据

【问题描述】

现有某网店的商品销售数据表，但部分数据缺失，title 代表商品标题，age_range 代表年龄范围，price 代表商品价格，sales_num 代表商品销量，comment_num 代表评论数，具体内容见表 3-2-8。

表 3-2-8　某网店的商品销售数据表

title	age_range	price	sales_num	comment_num
LEGO 积木 儿童玩具男孩 积木拼装玩具益智		99.00-899.00	217	2 278
机械组赛车拼装积木玩具成年高难度送礼收藏车模		99.00-3 799.00	91	1681
2020 年新品益智拼搭积木男女孩益智玩具送礼收藏		299.00-2 499.00	42	194
好朋友迪士尼公主系列积木玩具女孩儿童益智送礼		199.00-999.00	177	345
得宝系列大颗粒儿童玩具益智启蒙拼搭男孩女孩送礼		199.00-1 099.00	111	1 902
…	…	…	…	…
4 月新品小人仔系列 71027 第 20 季小人仔抽抽乐	适合年龄：5 岁 +	39	487	34
6 月新品机械组 42107 杜卡迪 Ducati Panigale V4 R			80	1
2020 年新品 10269 哈雷戴维森肥仔摩托车成人收藏			276	509
哈利波特系列霍格沃茨城堡 71043 成人收藏	适合年龄：16 岁 +		139	511
哈利波特系列霍格沃茨城堡 71043 成人收藏	适合年龄：16 岁 +	3 999	138	512

请使用 pandas 库对该数据表完成如下操作：

（1）将出现空值的记录（行）删除。

（2）如果商品标题重复，保留评论数和商品销量之和较高的那一行商品信息，删除其余重复记录（行）。如果两个商品标题相同，评论数和商品销量之和也相同，保留销量较高的记录（行），删除其余重复记录（行）。

（3）将商品按销量高低进行排序（降序）。

• 输出结果：

输出结果见表 3-2-9。

表 3-2-9　清洗后的数据框

title	age_range	price	sales_num	comment_num	sums
悟空小侠系列 80012 孙悟空齐天大圣黄金机甲	适合年龄：10 岁 +	1 299	4 765.0	720.0	5 485.0

续表

title	age_range	price	sales_num	comment_num	sums
42096 保时捷 911RSR 赛车成人送礼收藏车模	适合年龄：10 岁 +	1 399	2 750.0	1 180.0	3 930.0
5月新品悟空小侠系列 80008 悟空小侠云霄战机孙悟空齐天大圣	适合年龄：8 岁 +	499	2 453.0	329.0	2 782.0
…	…	…	…	…	…
BOOST17101 五合一智能机器人 LEGO 儿童编程积木玩具	适合年龄：7~12 岁	1 699	0.0	43.0	43.0
建筑系列 21034 伦敦 LEGO 成人积木玩具收藏送礼	适合年龄：12 岁 +	449	0.0	129.0	129.0
机械组 42095 遥控特技赛车儿童玩具积木送礼收藏	适合年龄：9 岁 +	799	0.0	100.0	100.0

【题前思考】

根据问题描述，填写表 3-2-10。

表 3-2-10　问题分析

问题描述	问题解答
如何删除空行	
如果两个商品的标题相同，最终保留了几条记录	
如果两个商品的标题相同，根据什么删除重复标题的记录	

【操作提示】

首先使用 dropna( ) 方法删除空行。然后自定义一个函数，该函数实现如果商品标题相同则删除销量和评论数之和不是最大的记录，再删除销量不是最大的记录。最后按照销量降序排序，返回结果。

【程序代码】

```
import  pandas as pd
chipo = pd.read_csv(r"D:\pydata\ 项目三 \ 网店销售数据 .csv",sep=",",
                    encoding='gb2312')
chipo.dropna(inplace=True)                                              ①
chipo["sums"]=chipo["sales_num"]+chipo["comment_num"]                   ②
def func(x):
    x.drop(x[x['sums'] != x['sums'].max( )].index, inplace=True)
    x.drop(x[x['sales_num']!=x['sales_num'].max( )].index,inplace=True)
    x.drop_duplicates(['sales_num'],inplace=True)
    return x                                                            ③
chipo=chipo.groupby('title').apply(func)                                ④
```

```
chipo.reset_index(inplace=True,drop=True)                                    ⑤
chipo.sort_values(["sales_num"],ascending=False,inplace=True)
print(chipo)
```

【代码分析】

①：在数据框上删除含有空值的数据行。

②：求出销量和评论数的和将其以"sums"为名添加到数据框最后一列，便于后面使用。

③：自定义函数对分组后的数据框删除"sums"列的值不是最大的数据行，然后删除"sales_num"列的值不是最大的数据行，最后删除重复的数据行。x.drop(x[x['sums'] != x['sums'].max( )].index, inplace=True) 表示删除"sums"列的值不是最大的行，x[x['sums'] != x['sums'].max( )].index 表示求出 sums 列的值不是最大的行的索引标签，再交由 dropna( ) 删除。

下面以产品"哈利波特系列霍格沃茨城堡 71043 成人收藏"为例展示操作过程。该产品的原始数据见表 3-2-11。

表 3-2-11　某一商品的原始记录表

title	age_range	price	sales_num	comment_num	sums
哈利波特系列霍格沃茨城堡 71043 成人收藏	适合年龄：16 岁 +	3 999	139.0	511.0	650.0
哈利波特系列霍格沃茨城堡 71043 成人收藏	适合年龄：16 岁 +	3 999	139.0	511.0	650.0
哈利波特系列霍格沃茨城堡 71043 成人收藏	适合年龄：16 岁 +	3 999	134.0	511.0	645.0
哈利波特系列霍格沃茨城堡 71043 成人收藏	适合年龄：16 岁 +	3 999	134.0	511.0	645.0
哈利波特系列霍格沃茨城堡 71043 成人收藏	适合年龄：16 岁 +	3 999	138.0	512.0	650.0

使用语句 x.drop(x[x['sums']!=x['sums'].max( )].index, inplace=True) 删除"sums"列的值不是最大的记录，结果见表 3-2-12。

表 3-2-12　删除"sums"列的值不是最大记录后的数据表

title	age_range	price	sales_num	comment_num	sums
哈利波特系列霍格沃茨城堡 71043 成人收藏	适合年龄：16 岁 +	3 999	139.0	511.0	650.0
哈利波特系列霍格沃茨城堡 71043 成人收藏	适合年龄：16 岁 +	3 999	139.0	511.0	650.0
哈利波特系列霍格沃茨城堡 71043 成人收藏	适合年龄：16 岁 +	3 999	138.0	512.0	650.0

使用语句 x.drop(x[x['sales_num']!=x['sales_num'].max( )].index,inplace=True) 删除"sales_num"列的值不是最大的记录，结果见表 3-2-13。

表 3-2-13　删除"sales_num"列的值不是最大记录后的数据表

title	age_range	price	sales_num	comment_num	sums
哈利波特系列霍格沃茨城堡 71043 成人收藏	适合年龄：16 岁 +	3 999	139.0	511.0	650.0
哈利波特系列霍格沃茨城堡 71043 成人收藏	适合年龄：16 岁 +	3 999	139.0	511.0	650.0

使用语句 x.drop_duplicates(['sales_num'],inplace=True) 删除销量重复的记录，只保留一条记录，见表 3-2-14。

表 3-2-14　删除重复记录后的数据表

title	age_range	price	sales_num	comment_num	sums
哈利波特系列霍格沃茨城堡 71043 成人收藏	适合年龄：16 岁 +	3 999	139.0	511.0	650.0

④：对各分组应用 func( ) 函数，最终各个商品只保留一条记录，见表 3-2-15。

表 3-2-15　各商品应用 func( ) 函数后的数据表

		title	age_range	price	sales_num	comment_num	sums
title							
2020 年新品机械组 42108 移动式起重机	112	2020 年新品机械组 42108 移动式起重机	适合年龄：10 岁 +	999	47.0	8.0	55.0
BOOST17101 五合一智能机器人儿童编程	48	BOOST17101 五合一智能机器人儿童编程	适合年龄：7~12 岁	1 699	0.0	2.0	2.0
城市组 60197 客运火车遥控轨道车益智	85	城市组 60197 客运火车遥控轨道车益智	适合年龄：6~12 岁	1 199	11.0	24.0	35.0
…	…	…	…	…	…	…	…
经典创意系列 10698 经典创意大号积木盒积木玩具	237	经典创意系列 10698 经典创意大号积木盒积木玩具	适合年龄：4~99 岁	499	1.0	433.0	434.0
迪士尼公主系列 43172 艾莎的魔法冰雪城堡积木玩具	147	迪士尼公主系列 43172 艾莎的魔法冰雪城堡积木玩具	适合年龄：6 岁 +	799	880.0	153.0	1 033.0

⑤：重置索引，当指定 drop=False 时，则索引列会被还原为普通列；否则，经设置后的新索引值会被丢弃，默认为 False。重置索引后的数据框见表 3-2-16。

表 3-2-16　重置索引后的数据表

title	age_range	price	sales_num	comment_num	sums
2020 年新品机械组 42108 移动式起重机	适合年龄：10 岁 +	999	47.0	8.0	55.0
BOOST17101 五合一智能机器人儿童编程	适合年龄：7~12 岁	1 699	0.0	2.0	2.0
城市组 60197 客运火车遥控轨道车益智	适合年龄：6~12 岁	1 199	11.0	24.0	35.0
...	...	...	...	...	...
经典创意 10698 经典创意大号积木盒 LEGO Classic 积木玩具	适合年龄：4~99 岁	499	143.0	457.0	600.0
经典创意系列 10698 经典创意大号积木盒积木玩具	适合年龄：4~99 岁	499	1.0	433.0	434.0
迪士尼公主系列 43172 艾莎的魔法冰雪城堡积木玩具	适合年龄：6 岁 +	799	880.0	153.0	1 033.0

【优化提升】

示例中要求删除重复的数据行，我们可以换一个角度来思考这个问题，那就是保留需要的数据行，这样可以让问题显得更简单。基本思路是，对数据按 "title" 列分组，然后对每个分组取销量最大的数据行，最后按销量降序排列即可。具体代码如下：

```
import pandas as pd
chipo = pd.read_csv(r"D:\pydata\ 项目三 \ 网店销售数据 .csv",sep=",",
                    encoding='gb2312')
chipo.dropna(inplace=True)
chipo["sums"]=chipo["sales_num"]+chipo["comment_num"]
(chipo.groupby('title').apply(lambda x:x.nlargest(1,columns=['sums',"sales_num"])).
sort_values("sales_num",ascending=False))
```

【技术全貌】

在现实生活中，有的数据表会出现空值或空行的情况，为了不影响数据统计就需要对空值进行处理。数据框和序列都提供了判断和处理空值的方法，见表 3-2-17。

处理数据中的
缺失值

表 3-2-17　处理数据表中的空值

方法	描述
df.dropna( )	删除行，只要有空值就会删除，不替换
df.dropna(axis=1)	删除列，只要有空值就会删除，不替换
df.dropna(how='all')	所有值全为缺失值才删除
df.dropna(thresh=2)	至少出现两个非空缺值才不删除
df.isna( )	判断是否是空缺值
df.fillna( )	空缺值替换

一展身手

利用网店的商品销售数据表，找出各个商品中价格最低的商品，如果价格相同则保留销量最高的一条记录，最后按销量降序排序。结果见表 3-2-18。

表 3-2-18　价格最低的商品

title	age_range	price	sales_num	comment_num
悟空小侠系列 80012 孙悟空齐天大圣黄金机甲	适合年龄：10 岁 +	1 299	4 765.0	720.0
42096 保时捷 911RSR 赛车成人送礼收藏车模	适合年龄：10 岁 +	1 399	2 750.0	1 180.0
5 月新品悟空小侠系列 80008 悟空小侠云霄战机孙悟空齐天大圣	适合年龄：8 岁 +	499	2 453.0	329.0
…	…	…	…	…
城市组太空系列 60227 月球空间站男女孩积木玩具	适合年龄：6 岁 +	549	0.0	11.0
哈利波特系列 75954 霍格沃茨城堡玩具积木成人收藏	适合年龄：9~14 岁	1 199	0.0	445.0
机械组 42095 遥控特技赛车儿童玩具积木送礼收藏	适合年龄：9 岁 +	799	0.0	100.0

微课

活动三　统计各班的成绩结构

【问题描述】

请根据学生 C 语言成绩表（见表 3-2-19），统计出各个班的成绩结构。其中 60 分以下为不及格，60~69 分为及格，70~79 分为良好，80~100 分为优秀。

表 3-2-19　学生 C 语言成绩表

考号	姓名	性别	班级	C 语言
2022020419	邱俊松	男	2019 级计算机 1 班	95.714 286
2022020437	胡艳	女	2019 级计算机 1 班	95.714 286
2022020760	孔航	女	2019 级计算机 2 班	95.714 286
2022020793	黄莉	女	2019 级计算机 2 班	91.428 571
2022020772	古瑞	男	2019 级计算机 2 班	87.142 857
…	…	…	…	…
2022020088	卿成	男	2019 级计算机 3 班	22.857 143
2022020092	欧金霞	女	2019 级计算机 3 班	14.285 714
2022020799	晏丽	女	2019 级计算机 2 班	10.000 000
2022020440	肖权利	男	2019 级计算机 1 班	11.428 571
2022020430	齐云瑞	男	2019 级计算机 1 班	0.000 000

• **输出结果：**

输出结果见表 3-2-20。

表 3-2-20　C 语言成绩结构

班级	等级	人数	成绩结构
2019 级计算机 1 班	不及格	14	35.0%
	及格	5	12.5%
	良好	4	10.0%
	优秀	17	42.5%
2019 级计算机 2 班	不及格	9	19.6%
	及格	3	6.5%
	良好	7	15.2%
	优秀	27	58.7%
2019 级计算机 3 班	不及格	12	28.6%
	及格	12	28.6%
	良好	10	23.8%
	优秀	8	19.0%
2019 级计算机 4 班	不及格	11	27.5%
	及格	9	22.5%
	良好	9	22.5%
	优秀	11	27.5%

【题前思考】

根据问题描述，填写表 3-2-21。

表 3-2-21　问题分析

问题描述	问题解答
如何根据学生成绩得到对应的等级	
如何得出各个成绩等级对应的学生人数	
怎样计算出各班级各成绩等级对应的人数占比	

【操作提示】

首先是利用 cut( ) 函数根据学生成绩得出对应的成绩等级，然后利用多关键字分组统计得出各等级对应的学生人数，最后通过 transform( ) 方法求出各班级各成绩等级对应的人数占比。

【程序代码】

```
import pandas as pd
df=pd.read_excel(r"D:\pydata\ 项目三 \ 计算机专业学生成绩表 .xlsx")
df[' 等级 ']=pd.cut(df['C 语言 '],bins=[-1,59,69,79,100],labels=[' 不及格 ',' 及格 ',' 良好 ',
```

```
' 优秀 '])                                                                    ①
df=df.groupby([' 班级 ',' 等级 '])['C 语言 '].agg('count').to_frame( )            ②
df[' 成绩结构 ']=df.groupby(' 班级 ').transform(lambda x:x/x.sum( ))              ③
df[' 成绩结构 ']=df[' 成绩结构 '].map(lambda x:f"{x:.1%}")                         ④
df.rename({'C 语言':' 人数'},inplace=True,axis=1)                                ⑤
print(df)
```

【代码分析】

①: 将学生的 C 语言成绩划分对应的等级。(-1,59] 表示不及格, (59,69] 表示及格, (69,79] 表示良好, (79,100] 表示优秀。cut( ) 函数执行之后得到由等级构成的序列并以 "等级" 为名添加到数据框的最后一列, 添加等级之后的数据框见表 3-2-22。

表 3-2-22　求出等级后的数据表

考号	姓名	性别	班级	C 语言	等级
2022020419	邱俊松	男	2019 级计算机 1 班	95.714 286	优秀
2022020437	胡艳	女	2019 级计算机 1 班	95.714 286	优秀
2022020760	孔航	女	2019 级计算机 2 班	95.714 286	优秀
2022020793	黄莉	女	2019 级计算机 2 班	91.428 571	优秀
2022020772	古瑞	男	2019 级计算机 2 班	87.142 857	优秀
…	…	…	…	…	…
2022020088	卿成	男	2019 级计算机 3 班	22.857 143	不及格
2022020092	欧金霞	女	2019 级计算机 3 班	14.285 714	不及格
2022020799	晏丽	女	2019 级计算机 2 班	10.000 000	不及格
2022020440	肖权利	男	2019 级计算机 1 班	11.428 571	不及格
2022020430	齐云瑞	男	2019 级计算机 1 班	0.000 000	不及格

②: 根据班级和等级进行多关键字分组, 并对各分组的 "C 语言" 列进行计数, 计数结果见表 3-2-23。

表 3-2-23　分组对 "C 语言" 列进行计数的数据框

班级	等级	C 语言
2019 级计算机 1 班	不及格	14
	及格	5
	良好	4
	优秀	17
2019 级计算机 2 班	不及格	9
	及格	3
	良好	7
	优秀	27

续表

班级	等级	C 语言
2019 级计算机 3 班	不及格	12
	及格	12
	良好	10
	优秀	8
2019 级计算机 4 班	不及格	11
	及格	9
	良好	9
	优秀	11

③：求各等级学生人数在全班人数中的占比。transform( ) 方法与 agg( ) 和 apply( ) 方法的区别是，agg( ) 和 apply( ) 方法对每个分组得到一个值或一个序列，而 transform( ) 方法返回一个行数与原分组数据框（或序列）相同的数据框（或序列）。所以 transform(lambda x:x/x.sum( )) 表示将各分组中的每一个值除以这个组的所有值之和，于是就求出了各个值在总数中的占比。最后将计算结果以"成绩结构"为名追加到数据框的最后一列，见表 3-2-24。

表 3-2-24　求出成绩结构

班级	等级	人数	成绩结构
2019 级计算机 1 班	不及格	14	0.350 000
	及格	5	0.125 000
	良好	4	0.100 000
	优秀	17	0.425 000
2019 级计算机 2 班	不及格	9	0.195 652
	及格	3	0.065 217
	良好	7	0.152 174
	优秀	27	0.586 957
2019 级计算机 3 班	不及格	12	0.285 714
	及格	12	0.285 714
	良好	10	0.238 095
	优秀	8	0.190 476
2019 级计算机 4 班	不及格	11	0.275 000
	及格	9	0.225 000
	良好	9	0.225 000
	优秀	11	0.275 000

④：将成绩结构由小数形式转换为百分比形式，见表 3-2-25。

表 3-2-25   成绩结构转为百分比形式

班级	等级	C 语言	成绩结构
2019 级计算机 1 班	不及格	14	35.0%
	及格	5	12.5%
	良好	4	10.0%
	优秀	17	42.5%
2019 级计算机 2 班	不及格	9	19.6%
	及格	3	6.5%
	良好	7	15.2%
	优秀	27	58.7%
2019 级计算机 3 班	不及格	12	28.6%
	及格	12	28.6%
	良好	10	23.8%
	优秀	8	19.0%
2019 级计算机 4 班	不及格	11	27.5%
	及格	9	22.5%
	良好	9	22.5%
	优秀	11	27.5%

⑤：为了便于理解，把"C 语言"列重命名为"人数"列，见表 3-2-20。

分组和转换

【技术全貌】

transform( ) 是一个非常实用的方法，通过它可以很方便地将某个或某些非聚合函数作用在传入数据的每一列上，从而返回与输入数据形状一致的运算结果，现通过实例说明它的使用方法。

一、直接对数据框调用 transform( ) 方法

例如，有如下数据：

```
import numpy as np
import pandas as pd
df=pd.DataFrame({'A': [1,2,3], 'B': [10,20,30] })
```

数据框的值见表 3-2-26。

表 3-2-26   原始数据

	A	B
0	1	10
1	2	20
2	3	30

1. 为数据表中的每个值加上 10

df.transform(lambda x: x+10)

数据框的值见表 3-2-27。

表 3-2-27　每个值加上 10

	A	B
0	11	20
1	12	30
2	13	40

2. 对每个值运用函数计算

df.transform([np.sqrt, np.exp])

对每个值进行开方 (np.sqrt( )) 和指数 (np.exp( )) 运算，数据框的值见表 3-2-28。

表 3-2-28　对每个值运用函数计算

A		B	
sqrt	exp	sqrt	exp
1.000 000	2.718 282	3.162 278	2.202 647e+04
1.414 214	7.389 056	4.472 136	4.851 652e+08
1.732 051	20.085 537	5.477 226	1.068 647e+13

3. 不同列的数据应用不同的函数

df.transform({ 'A': np.sqrt, 'B': np.exp,})

对 A 列的每个值进行开方 (np.sqrt( )) 运算，对 B 列的每个值进行指数 (np.exp( )) 运算，数据框的值见表 3-2-29。

表 3-2-29　不同列的数据应用不同的函数

	A	B
0	1.000 000	2.202 647e+04
1	1.414 214	4.851 652e+08
2	1.732 051	1.068 647e+13

二、在分组中使用 transform( ) 方法

例如，有如下数据：

rest = pd.DataFrame({ 'restaurant_id': [101,102,103,104,105,106,107], 'address': ['A','B','C','D', 'E', 'F', 'G'], 'city': ['London','London','London','Oxford','Oxford', 'Durham', 'Durham'], 'sales': [10,500,48,12,21,22,14] })

原始数据见表 3-2-30，restaurant_id 代表餐厅 ID，address 代表餐厅地址，city 代表餐厅所在城市，sales 代表餐厅销售额。

表 3-2-30　原始数据

restaurant_id	address	city	sales
101	A	London	10
102	B	London	500
103	C	London	48
104	D	Oxford	12
105	E	Oxford	21
106	F	Durham	22
107	G	Durham	14

1. 餐厅销售额在本市总销售额中的占比

rest['pct']=rest.groupby('city')['sales'].transform(lambda x:x/x.sum( )).map(lambda x:f'{x:.1%}')

求出每间餐厅的销售额在本城市所有销售额中的占比，并转换为百分比格式，数据框的值见表 3-2-31。

表 3-2-31　餐厅销售额在本市总销售额中的占比

restaurant_id	address	city	sales	pct
101	A	London	10	1.8%
102	B	London	500	89.6%
103	C	London	48	8.6%
104	D	Oxford	12	36.4%
105	E	Oxford	21	63.6%
106	F	Durham	22	61.1%
107	G	Durham	14	38.9%

2. 所在市总销售额超过 40 的餐厅

rest[rest.groupby('city')['sales'].transform('sum') > 40]

返回的数据框见表 3-2-32。

表 3-2-32　所在市总销售额超过 40 的餐厅

restaurant_id	address	city	sales
101	A	London	10
102	B	London	500
103	C	London	48

三、在组级别处理丢失的值

例如，有如下数据：

df = pd.DataFrame({ 'name': ['A', 'A', 'B', 'B', 'B', 'C', 'C', 'C'], 'value': [1, np.nan, np.nan, 2, 8, 2, np.nan, 3] })

原始数据框的值见表 3-2-33。

使用 transform( ) 将缺少的值替换为组平均值:

df['value'] = df.groupby('name') .transform(lambda x: x.fillna(x.mean( )))

替换空值之后的数据框见表 3-2-34。

表 3-2-33　原始数据

name	value
A	1.0
A	NaN
B	NaN
B	2.0
B	8.0
C	2.0
C	NaN
C	3.0

表 3-2-34　将缺少的值替换为组平均值

name	value
A	1.0
A	1.0
B	5.0
B	2.0
B	8.0
C	2.0
C	2.5
C	3.0

一展身手

请根据学生 C 语言成绩表(见表 3-2-19),统计出各个班的及格和不及格人数的百分比,结果见表 3-2-35。

表 3-2-35　及格和不及格人数的百分比

班级	等级	人数	成绩结构
2019 级计算机 1 班	不及格	14	35.0%
	及格	26	65.0%
2019 级计算机 2 班	不及格	9	19.6%
	及格	37	80.4%
2019 级计算机 3 班	不及格	12	28.6%
	及格	30	71.4%
2019 级计算机 4 班	不及格	11	27.5%
	及格	29	72.5%

项目小结

对数据进行分组统计是我们在数据处理中经常用到的操作。分组统计的思路是根据分组依据(键)对数据进行分组,然后对每个分组中的数据进行汇总计算得到结果。pandas 为分组提供了很多内置方法进行汇总计算,也可以自定义函数对分组进行灵活的计算。除了通常的分组计算外,还提供了 transform( ) 方法来转换数据,该方法会得到与传入数据结构相同的结果。

自我检测

一、选择题

1. 以下可以实现求平均值功能的函数是（　　）。

　　A. mean( )　　　　　　B. median( )　　　　C. max( )　　　　D. quantile( )

2. 以下可以实现求最大值功能的函数是（　　）。

　　A. count( )　　　　　　B. max( )　　　　　　C. min( )　　　　D. sem( )

3. 在数据表 df 中可以替换空值的方法是（　　）。

　　A. df.isna( )　　　　　B. df.fillna( )　　　　C. df.dropna( )　　D. df.drop_duplicates( )

4. 在数据表 df 中可以去掉重复记录的方法是（　　）。

　　A. df.isna( )　　　　　B. df.fillna( )　　　　C. df.dropna( )　　D. df.drop_duplicates

5. 自定义 lambda 函数可以实现将小数转化为百分占比（结果保留两位小数）的是（　　）。

　　A. lambda x:"%.2f%%"%(x*100)　　　　　　B. lambda x: "%.2f%"%(x*100)

　　C. lambda x: "%.2f%%"%(x*10)　　　　　　D. lambda x: "%.2f%%"(x*100)

二、填空题

1. pandas 分组统计数据使用到的方法是＿＿＿＿＿＿＿＿＿＿＿＿＿＿＿。

2. 在数据表 df 中可以判断是否是空缺值的方法是＿＿＿＿＿＿＿＿＿＿＿＿＿。

3. pandas 排名的方法是＿＿＿＿＿＿＿＿＿＿＿＿＿＿＿＿＿。

4. 在 Python 中，使用＿＿＿＿＿＿＿＿＿＿＿＿＿＿关键字来声明一个匿名函数。

5. 为数据表 df 中的每个值加上 10 的语句是＿＿＿＿＿＿＿＿＿＿＿＿＿。

三、编写程序

请根据提供的订单数据表（见表 3-2-36），按要求完成以下任务：

传入一个字符串，若输入"max"，返回订单金额最大的商品名称，若输入"min"，则返回订单总金额最小的商品名称。

表 3-2-36　订单数据表

订单 id	数量	商品名称	描述	单价
1	1	Chips and Fresh Tomato Salsa	NaN	$2.39
1	1	Izze	[Clementine]	$3.39
1	1	Nantucket Nectar	[Apple]	$3.39
...	...	...	...	...
1834	1	Chicken Salad Bowl	[Fresh Tomato Salsa, [Fajita Vegetables, Pinto...	$11.25
1834	1	Chicken Salad Bowl	[Fresh Tomato Salsa, [Fajita Vegetables, Lettu...	$8.75
1834	1	Chicken Salad Bowl	[Fresh Tomato Salsa, [Fajita Vegetables, Pinto...	$8.75

项目评价

任务	标准	配分 / 分	得分 / 分
使用内置函数对数据进行分组统计	能描述 groupby( ) 方法的作用和参数含义	10	
	能列举常用的统计方法	10	
	能使用常见的内置函数进行分组统计	20	
	能使用 agg 函数提升程序运行效率	10	
使用自定义函数对数据进行分组统计	能描述 lambda 函数的语法结构	10	
	能描述 transform( ) 方法的作用	10	
	能使用自定义函数对数据进行分组统计	10	
	能使用 transform( ) 方法进行数据转换	20	
总分		100	

全球卓越的云计算技术和服务提供商——阿里云

阿里云创立于 2009 年，是全球领先的云计算及人工智能科技公司，致力于以在线公共服务的方式，提供安全、可靠的计算和数据处理能力，让计算和人工智能成为普惠科技。阿里云服务着制造、金融、政务、交通、医疗、电信、能源等众多领域的领军企业。

2014 年，阿里云曾帮助用户抵御全球互联网史上最大的 DDoS 攻击，峰值流量达到每秒 453.8 GB。在 2015 年的 Sort Benchmark 竞赛中，阿里云利用自研的分布式计算平台 ODPS，用 377 s 完成 100TB 数据排序，刷新了 Apache Spark 1406 s 的世界纪录。在 2016 年 Sort Benchmark 竞赛的 CloudSort 项目中，阿里云以 1.44$/TB 的排序花费打破了 AWS 保持的 4.51$/TB 的纪录。

项目四　从多个数据框获取信息

//////// **项目描述** ////////

在处理数据的过程中，有时候我们需要的数据并不在一个数据框中，如学校的技能大赛报名表，各个班级的数据是单独的，我们就需要把多个表的数据合并到一个数据框中才便于统计分析。pandas 作为数据分析的利器，提供了很多种数据框合并方式，如 merge( )、concat( ) 等。这些方法或函数可以实现数据框的纵向拼接、横向拼接、按列连接、按索引连接等，从而将多个数据框按需要合并为一个数据框。

//////// **项目目标** ////////

知识目标：
能描述 merge( )、concat( ) 函数的作用及各参数的含义。
技能目标：
能按要求用 merge( ) 函数合并多个数据框；
能按要求用 concat( ) 拼接多个数据框。
思政目标：
培养与人协作的意识。

任务一　合并多个数据框

现实工作中，经常需要将两个相关联的数据框合并到一起，如有学生信息表和学生成绩表两张表，学生成绩表记录了每个学号对应的各科成绩，学生信息表记录了每个学号对应的姓名、性别等学生信息。现在要求分别统计男女生的平均分，就需要用学号将两个表合并起来，才能让成绩和性别同时存在于同一个表。pandas 提供了合并数据框的方法或函数，能够灵活地合并多个相关的数据框，从而完成类似的统计任务。

 去掉停用词

【问题描述】

现有某电视剧的弹幕信息（见表 4-1-1），请去掉弹幕信息里面的停用词，然后以列表的形式输出弹幕中词频最高的 10 个词。其中 contents 代表弹幕内容，likeCount 代表喜欢指数，tv_name 代表集数。

表 4-1-1　某电视剧弹幕信息

	contents	likeCount	tv_name
0	二刷的朋友有吗	201	1
1	我希望一切能重来	3	1
2	这段眼神变化得太妙了	9	1
3	良心啊，一小时	184	1
4	基本都好	20	1
…	…	…	…
59995	这个叶爸有点东西	227	12
59996	眼镜掉在案发现场了	90	12
59997	俺的眼睛掉在厂里了	10	12
59998	他不戴假发你更不习惯	17	12
59999	那是什么药呀	33	12

• **输出结果：**

输出结果见表 4-1-2。

表 4-1-2　词频最高的 10 个词

词语	词频
孩子	2 030
爬山	1 913
严良	1 511

续表

词语	词频
真的	1 407
一个	1 305
妈妈	939
演技	902
一起	865
普普	846
感觉	782

【题前思考】

根据问题描述，填写表 4-1-3。

表 4-1-3　问题分析

问题描述	问题解答
怎样将句子切割成为词语	
怎样把弹幕信息表和停用词表联合起来	
怎样统计词频	

【操作提示】

利用 jieba 库中的 cut( ) 函数对弹幕信息进行分词后转换为数据框，将之与停用词数据框合并，筛选出不在停用词表中的词语，统计这些词出现的词频便得到了题目要求的结果。

【程序代码】

```
import pandas as pd
import jieba                                                                    ①
data = pd.read_csv(r"D:\pydata\ 项目四 \ 某电视剧弹幕信息 .csv")
stop_word=open(r"D:\pydata\ 项目四 \ 停用词 .txt","r", encoding='utf-8')
stop_word=stop_word.read( ).split( )                                            ②
stop_word=pd.DataFrame(stop_word,columns=["stopword"])                          ③
word = pd.DataFrame(jieba.cut("".join(data.iloc[:, 1].astype(str))), columns = ["word"])  ④
word = pd.merge(word,stop_word,left_on = ["word"],right_on = ["stopword"],how = "left")  ⑤
word = word.query("stopword.isnull( ) and word.str.len( ) > 1",engine='python')["word"]  ⑥
word=word.value_counts( )                                                        ⑦
print(word.head(10))
```

【代码分析】

①：导入 jieba 库。jieba 库是一款优秀的 Python 第三方中文分词库，在导入之前需要使用命令 pip install jieba 安装。

②：对文章进行分析时，有些词语对于分析没有意义，称它们为停用词，所以在正式分析

前需要将它们从文章的词语表中删除。不同分析目的有不同的停用词表，本例的停用词表是一个以换行符分隔的词语表。

stop_word.read( ).split( ) 表示读取文件内容后，调用 split( ) 方法将这些词语切割出来保存到一个列表中，split( ) 方法默认以空格为标志对字符串进行切割。切割后的列表为 ['$', '0', '1', '2', '3', '4', '5', '6', '7', '8', '9', …, '非独', '靠', '顺', '顺着', '首先', '！', '，', '：', '；', '？']。

③：将列表转换为数据框，列名为"stopword"，见表 4-1-4。

④：对弹幕信息分词后构成数据框。

- "".join(data.iloc[: , 1].astype(str)) 合并数据表 data 中的第二列，使其构成一个字符串。字符串内容如下所示：

"二刷的朋友有吗 我希望一切能重来 这段眼神变化得太妙了 良心啊，一小时…… 好了 警官你是下一个 好一个不戴眼镜的斯文败类 儿子你啥时候学习啊 居然还不说实话？ 我不戴假发更厉害 演完这部电影，某某人开始怕了 你看我还有机会吗 这个叶爸有点东西 眼镜掉在案发现场了 俺的眼睛掉在厂里了 他不戴假发你更不习惯 那是什么药呀"

- jieba.cut("".join(data.iloc[: , 1].astype(str))) 将所有弹幕文字构成的字符串切割成词语构成一个生成器，生成器的内容为 [' 二刷 ', ' 的 ', ' 朋友 ', ' 有 ', ' 吗 ', ' 我 ', ' 希望 ', …]。

- word = pd.DataFrame(jieba.cut("".join(data.iloc[: , 1].astype(str))), columns = ["word"]) 将词语列表转换成数据框（见表 4-1-5），以"word"为列名。

<table>
<tr><td colspan="2">表 4-1-4 生成的停用词表</td><td colspan="2">表 4-1-5 弹幕信息分词后的数据框</td></tr>
<tr><td></td><td>stopword</td><td></td><td>word</td></tr>
<tr><td>0</td><td>$</td><td>0</td><td>二刷</td></tr>
<tr><td>1</td><td>0</td><td>1</td><td>的</td></tr>
<tr><td>2</td><td>1</td><td>2</td><td>朋友</td></tr>
<tr><td>3</td><td>2</td><td>3</td><td>有</td></tr>
<tr><td>4</td><td>3</td><td>4</td><td>吗</td></tr>
<tr><td>…</td><td>…</td><td>…</td><td>…</td></tr>
<tr><td>741</td><td>!</td><td>339467</td><td>那</td></tr>
<tr><td>742</td><td>,</td><td>339468</td><td>是</td></tr>
<tr><td>743</td><td>:</td><td>339469</td><td>什么</td></tr>
<tr><td>744</td><td>;</td><td>339470</td><td>药</td></tr>
<tr><td>745</td><td>?</td><td>339471</td><td>呀</td></tr>
</table>

⑤：调用 merge( ) 函数合并数据框 word 和 stop_word。

- 前两个位置参数 word、stop_word 指出要合并的数据框，其中第一个参数 word 称为左数据框，第二个参数称为右数据框。

- 关键字参数 left_on = ["word"], right_on = ["stopword"] 表示用左边数据框的"word"列与右边数据框的"stopword"列进行合并，也就是把 word 数据框中"word"列与 stop_word 数据框中的"stopword"列值相同的行合并成一行作为结果数据框的一个数据行。

- 关键字参数 how = "left" 表示合并方式是左连接，意思是合并结果中包含左边数据框的所有数据，如果左边数据没有出现在右边数据框中，则结果数据行中右边数据框的内容为空 (NaN)，如"word"列中的"二刷"没有出现在"stopword"列中，所以合并结果中"二刷"对应的"stopword"列的值为 NaN，详细内容见表 4-1-6。

表 4-1-6　词语表与停用词表的合并结果

	word	stopword
0	二刷	NaN
1	的	的
2	朋友	NaN
3	有	有
4	吗	吗
…	…	…
339467	那	那
339468	是	是
339469	什么	什么
339470	药	NaN
339471	呀	呀

⑥：去掉停用词，并将结果保存到变量 word 中。word.query("stopword.isnull( ) and word.str.len( ) > 1",engine='python') 筛选出"stopword"列为空值并且单词列长度大于 1 的词语。"stopword"列为空值就表示这些词没有出现在停用词数据框中，反之出现在停用词数据框中的词就被去掉了，于是就实现了去掉停用词的目标，见表 4-1-7。

⑦：统计"word"列中各个单词的词频，见表 4-1-8。

表 4-1-7　按条件筛选后的表

	word	stopword
0	二刷	NaN
2	朋友	NaN
6	希望	NaN
9	重来	NaN
10	这段	NaN
…	…	…
339451	案发现场	NaN
339455	眼睛	NaN
339458	厂里	NaN
339462	戴假发	NaN
339466	习惯	NaN

表 4-1-8　词频表

词语	数量
孩子	2023
爬山	1911
严良	1511
真的	1407
一个	1305
…	…
卡尔	1
胡成	1
亲热	1
碰过	1
案发现场	1

【技术全貌】

merge( ) 函数通过列或索引将两个数据框相关的数据行合并成一行,构成一个新的数据框。

使用 merge 函数
连接多个数据框

为了提供更为灵活的操作来满足实际工作的需要，merge( ) 函数提供了丰富的参数控制合并行为，这里通过几个实例展示具体的合并效果。

例如，有如下数据：

```python
import pandas as pd
left = pd.DataFrame(
{"k1": ["K0", "K0", "K1", "K2"],
"A": ["A0", "A1", "A2", "A3"] }
)
right = pd.DataFrame(
{"k2": ["K0", "K1", "K1", "K3"],
 "B": ["B0", "B1", "B2", "B3"]}
)
```

1. 左连接

```python
result = pd.merge(left, right, how="left", left_on='k1',right_on='k2')
```

运行结果如图 4-1-1 所示。

left			right			result			
k1	A		k2	B		k1	A	k2	B
K0	A0		K0	B0		K0	A0	K0	B0
K0	A1	+	K1	B1	→	K0	A1	K0	B0
K1	A2		K1	B2		K1	A2	K1	B1
K2	A3		K3	B3		K1	A2	K1	B2
						K2	A3	NaN	NaN

图 4-1-1　左连接

左连接会在结果中包含左边数据框的所有数据行，如果右边没有相关数据与之对应，则结果数据中右边部分的值为空。left 中的第一个 K0 与 right 的 K0 构成 result 的第一行，left 中的第二个 K0 与 right 的 K0 构成 result 的第二行，其他行依次类推。left 中的 K2 在 right 中没有出现，所以 result 中 K2 所在行的 "k2" 列和 "B" 列的值为 NaN。

2. 右连接

```python
result = pd.merge(left, right, how="right", left_on='k1',right_on='k2')
```

运行结果如图 4-1-2 所示。

left			right			result			
k1	A		k2	B		k1	A	k2	B
K0	A0		K0	B0		K0	A0	K0	B0
K0	A1	+	K1	B1	→	K0	A1	K0	B0
K1	A2		K1	B2		K1	A2	K1	B1
K2	A3		K3	B3		K1	A2	K1	B2
						NaN	NaN	K3	B3

图 4-1-2　右连接

右连接会在结果中包含右边数据框的所有数据行，如果左边没有相关数据与之对应，则结果数据中左边部分的值为空。right 中的第一个 K0 与 left 的 K0 构成 result 的第一行，这个 K0 又与 left 的第二个 K0 构成 result 的第二行，其他行依次类推。right 中的 K3 在 left 中没有出现，所以 result 中 K3 所在行的 "k1" 列和 "A" 列的值为 NaN。

3. 内连接

result = pd.merge(left, right, how="inner", left_on='k1', right_on='k2')

运行结果如图 4-1-3 所示。

图 4-1-3 内连接

内连接只在结果中包含左右两边都同时出现的行，如果没有在左右两边同时出现则不会出现在结果数据框中。left 的第一个 K0 和 right 中的 K0 执行连接；left 的第二个 K0 和 right 中的 K0 执行合并；left 中的 K1 与 right 中的第一个 K1 执行合并；left 中的 K1 与 right 中的第二个 K1 执行合并；left 中的 K2 没有在 right 中出现，不合并；right 中的 K3 没有在 left 中出现，也不合并。how= "inner" 是默认值，可以不写。

4. 外连接

result = pd.merge(left, right, how="outer", left_on='k1', right_on='k2')

运行结果如图 4-1-4 所示。

图 4-1-4 外连接

外连接会包含左右两边所有的数据行。如果左边的数据行不存在右边对应的数据，则结果数据中右边的数据部分为空。如果右边的数据行不存在左边对应的数据，则结果数据中左边的数据部分为空。外连接的结果是左连接结果和右连接结果的并集。观察图 4-1-4 中的 result，前 4 行是内连接的结果，倒数第 2 行右边两列的值为空是因为 left 中的 K2 在 right 的 K2 列中不存在，最后一行左边两列为空是因为 right 中的 K3 不在 left 的 k1 列。

一展身手

现有某电视剧的弹幕信息（见表 4-1-1），请去掉弹幕信息里面的停用词，然后以列表的形式输出第一集的弹幕中词频最高的 10 个词。结果为 [' 爬山 ', ' 真实 ', ' 一起 ', ' 电影 ', ' 丰田 ', ' 不错 ', ' 感觉 ', ' 欺负 ', ' 秦昊 ', ' 真的 ']。

活动二 选取男性最喜欢的电影

【问题描述】

现有"users"（用户信息）表、"ratings"（评分）表和"movies"（电影信息）表，3 张表的字段如图 4-1-5 所示。

users	
UserID	用户 id
Gender	性别
Age	年龄
Occupation	职业
Zip-code	邮编

ratings	
MovieID	电影 id
Title	电影名
Genres	类型

movies	
UserID	用户 id
MovieID	电影 id
Rating	评分
Timestamp	时间戳

图 4-1-5 表结构

请统计出男性最喜欢的 10 部电影的信息。

• 输出结果：

输出结果见表 4-1-9。

表 4-1-9 男性最喜欢的 10 部电影

MovieID	Title	Genres	Rating
787	Gate of Heavenly Peace, The (1995)	Documentary	5.0
985	Small Wonders (1996)	Documentary	5.0
3233	Smashing Time (1967)	Comedy	5.0
3280	Baby, The (1973)	Horror	5.0
3172	Ulysses (Ulisse) (1954)	Adventure	5.0
439	Dangerous Game (1993)	Drama	5.0
130	Angela (1995)	Drama	5.0
3656	Lured (1947)	Crime	5.0
1830	Follow the Bitch (1998)	Comedy	5.0
989	Schlafes Bruder (Brother of Sleep) (1995)	Drama	5.0

【题前思考】

根据问题描述，填写表 4-1-10。

表 4-1-10 问题分析

问题描述	问题解答
最终输出的信息从哪几个表中获取	
怎样对表进行合并	
怎样得出男性评分最高的电影	

【操作提示】

首先是合并评分表和用户信息表，得出男性评分最高的电影的 ID 和评分，然后把得到的新表和电影信息表进行合并，最后对评分进行降序排序就得出了男性最喜欢的电影信息。

【程序代码】

```
import  pandas as pd
movies = pd.read_table(r"D:\pydata\ 项目四 \movies.dat",sep='::',header=None,
names=['MovieID','Title','Genres'],engine='python',encoding='iso-8859-15')
ratings = pd.read_table(r"D:\pydata\ 项目四 \ratings.dat",sep='::',header=None,
names=['UserID','MovieID','Rating','Timestamp'],engine='python',encoding=
'iso-8859-15')
users = pd.read_table(r"D:\pydata\ 项目四 \users.dat",sep='::',header=None,
names=['UserID','Gender','Age','Occupation','Zip-code'],engine='python',encoding=
'iso-8859-15')
info = pd.merge(ratings,users,on = "UserID",how= "inner")          ①
info = info[info["Gender"] == "M"]                                 ②
info = info.groupby("MovieID")["Rating"].mean( )                   ③
res = pd.merge(movies,info,on = "MovieID")                         ④
res = res.sort_values(by = "Rating",ascending = False)             ⑤
res = res.round({"Rating":2})                                      ⑥
res.head(10)
```

【代码分析】

①：把数据框 "ratings" 和 "users" 进行合并，合并方式是内连接，"ratings" 表按照 "UserID" 去匹配 "users" 中的每一条记录，就是为每个用户找到他的所有电影评分，并将结果保存于变量 info 中。合并后的结果见表 4-1-11。

表 4-1-11 评分表和用户表合并后的数据框

UserID	MovieID	Rating	Timestamp	Gender	Age	Occupation	Zip-code
1	1193	5	978300760	F	1	10	48067
1	661	3	978302109	F	1	10	48067
1	914	3	978301968	F	1	10	48067
1	3408	4	978300275	F	1	10	48067
1	2355	5	978824291	F	1	10	48067
...	...	...	...	...	...	...	...
6040	1091	1	956716541	M	25	6	11106
6040	1094	5	956704887	M	25	6	11106
6040	562	5	956704746	M	25	6	11106
6040	1096	4	956715648	M	25	6	11106
6040	1097	4	956715569	M	25	6	11106

②：在数据表 info 中筛选出男性用户评分的数据行，见表 4-1-12。

表 4-1-12　筛选出所有男性用户后的表

UserID	MovieID	Rating	Timestamp	Gender	Age	Occupation	Zip-code
2	1357	5	978298709	M	56	16	70072
2	3068	4	978299000	M	56	16	70072
2	1537	4	978299620	M	56	16	70072
2	647	3	978299351	M	56	16	70072
2	2194	4	978299297	M	56	16	70072
…	…	…	…	…	…	…	…
6040	1091	1	956716541	M	25	6	11106
6040	1094	5	956704887	M	25	6	11106
6040	562	5	956704746	M	25	6	11106
6040	1096	4	956715648	M	25	6	11106
6040	1097	4	956715569	M	25	6	11106

③：以 MovieID 为键分组计算男性用户对各个电影的评分均值，见表 4-1-13。

表 4-1-13　男性用户对各个电影的评分均值

MovieID	
1	4.130 552
2	3.175 238
3	2.994 152
4	2.482 353
5	2.888 298
…	…
3948	3.641 838
3949	4.174 107
3950	3.681 818
3951	4.043 478
3952	3.787 986

④：连接方式是内连接，"info"表按照"MovieID"去匹配"movies"表中的每一条记录，就是为每一部电影找到它的男性用户评分的均值，合并后的结果见表 4-1-14。

表 4-1-14　各个电影的男性用户评分均值

MovieID	Title	Genres	Rating
1	Toy Story (1995)	Animation|Children's|Comedy	4.130 552
2	Jumanji (1995)	Adventure|Children's|Fantasy	3.175 238
3	Grumpier Old Men (1995)	Comedy|Romance	2.994 152

续表

MovieID	Title	Genres	Rating
4	Waiting to Exhale (1995)	Comedy|Drama	2.482 353
5	Father of the Bride Part II (1995)	Comedy	2.888 298
…	…	…	…
3948	Meet the Parents (2000)	Comedy	3.641 838
3949	Requiem for a Dream (2000)	Drama	4.174 107
3950	Tigerland (2000)	Drama	3.681 818
3951	Two Family House (2000)	Drama	4.043 478
3952	Contender, The (2000)	Drama|Thriller	3.787 986

⑤：对数据表 res 按照男性用户评分均值进行降序排序，排序后的结果见表4-1-15。

表4-1-15 排序后的数据表

MovieID	Title	Genres	Rating
787	Gate of Heavenly Peace, The (1995)	Documentary	5.0
985	Small Wonders (1996)	Documentary	5.0
3233	Smashing Time (1967)	Comedy	5.0
3280	Baby, The (1973)	Horror	5.0
3172	Ulysses (Ulisse) (1954)	Adventure	5.0
…	…	…	…
3460	Hillbillys in a Haunted House (1967)	Comedy	1.0
834	Phat Beach (1996)	Comedy	1.0
3136	James Dean Story, The (1957)	Documentary	1.0
3904	Uninvited Guest, An (2000)	Drama	1.0
684	Windows (1980)	Drama	1.0

⑥：设置"Rating"列为两位小数，结果见表4-1-16。

表4-1-16 评分保留两位小数

MovieID	Title	Genres	Rating
787	Gate of Heavenly Peace, The (1995)	Documentary	5.00
985	Small Wonders (1996)	Documentary	5.00
3233	Smashing Time (1967)	Comedy	5.00
3280	Baby, The (1973)	Horror	5.00
3172	Ulysses (Ulisse) (1954)	Adventure	5.00
439	Dangerous Game (1993)	Drama	5.00
130	Angela (1995)	Drama	5.00
3656	Lured (1947)	Crime	5.00

续表

MovieID	Title	Genres	Rating
1830	Follow the Bitch (1998)	Comedy	5.00
989	Schlafes Bruder (Brother of Sleep) (1995)	Drama	5.00
3517	Bells, The (1926)	Crime|Drama	5.00
2931	Time of the Gypsies (Dom za vesanje) (1989)	Drama	4.83
3245	I Am Cuba (Soy Cuba/Ya Kuba) (1964)	Drama	4.75
598	Window to Paris (1994)	Comedy	4.67
53	Lamerica (1994)	Drama	4.67

【技术全貌】

示例中使用的是 merge( ) 函数的连接方法。除了连接方法，merge( ) 函数还有很多参数用于控制两个表的合并行为，见表 4-1-17。

表 4-1-17　merge( ) 函数的参数一览表

参数	说明
left	参与合并的左侧 DataFrame
right	参与合并的右侧 DataFrame
how	inner、outer、left、right 其中之一。默认为 inner
on	用于连接的列名。必须存在于左右两个 DataFrame 对象中。如果未指定，且其他连接键也未指定，则以 left 和 right 列名的交集作为连接键
left_on	左侧 DataFrame 中用作连接键的列
right_on	右侧 DataFrame 中用作连接键的列
left_index	将左侧的行索引用作其连接键
right_index	将右侧的行索引用作其连接键
sort	根据连接键对合并后的数据进行排序，默认为 True。有时在处理大数据集时，禁用该选项可获得更好的性能
suffixes	字符串值元组，用于追加到重叠列名的末尾，默认为（'_x','_y'）。例如，如果左右两个 DataFrame 对象都有 "data"，则结果中就会出现 "data_x" 和 "data_y"
copy	设置为 False，可以在某些特殊情况下避免将数据复制到结果数据中。默认总是复制

一展身手

请根据 "movies"（电影信息）表、"users"（用户信息）表和 "ratings"（评分）表，求出女性最不喜欢的 10 部电影。结果见表 4-1-18。

表 4-1-18　女性最不喜欢的 10 部电影

MovieID	Title	Genres	Rating
3695	Toxic Avenger Part III: The Last Temptation of...	Comedy|Horror	1.0
75	Big Bully (1996)	Comedy|Drama	1.0

续表

MovieID	Title	Genres	Rating
1439	Meet Wally Sparks (1997)	Comedy	1.0
2207	Jamaica Inn (1939)	Drama	1.0
2256	Parasite (1982)	Horror|Sci-Fi	1.0
3899	Circus (2000)	Comedy	1.0
3027	Slaughterhouse 2 (1988)	Horror	1.0
3592	Time Masters (Les Maîtres du Temps) (1982)	Animation|Sci-Fi	1.0
3574	Carnosaur 3: Primal Species (1996)	Horror|Sci-Fi	1.0
2039	Cheetah (1989)	Adventure|Children's	1.0

任务二　拼接多个数据框

在实际处理数据的时候，我们需要的数据有时候不是在一个数据框中，而是分散在多个数据框里面，这时就需要将多个数据框进行拼接。

 活动一　统计各竞赛项目的人数

微课

【问题描述】

学校的技能大赛报名开始后，老师收到了各个班级的技能大赛报名表，怎样快速地统计出各个项目的参赛人数呢？老师收到的报名表文件如图 4-2-1 所示。

学校技能竞赛报名表(2019级电商1班（电子商...　学校技能竞赛报名表(2019级电商1班（计算机...　学校技能竞赛报名表(2019级电商4班（美术设...
学校技能竞赛报名表(2019级电商5班（计算机...　学校技能竞赛报名表(2019级电商6班（计算机...　学校技能竞赛报名表(2019级电商7班（计算机...
学校技能竞赛报名表(2019级电商10班（美术...　学校技能竞赛报名表(2019级电商11班（数字...　学校技能竞赛报名表(2020级电商1班(电子商...
学校技能竞赛报名表(2020级电商3班(电子商...　学校技能竞赛报名表(2020级电商4班(电子商...　学校技能竞赛报名表(2020级电商5班(计算机...
学校技能竞赛报名表(2020级电商6班(计算机...　学校技能竞赛报名表(2020级电商7班(计算机...　学校技能竞赛报名表(2020级电商8班(会计3+2...
学校技能竞赛报名表(2020级电商11班(数字影...　学校技能竞赛报名表(2021级电商1班(电子商...　学校技能竞赛报名表(2021级电商2班(电子商...
学校技能竞赛报名表(2021级电商3班(电子商...　学校技能竞赛报名表(2021级电商4班(计算机...　学校技能竞赛报名表(2021级电商6班(大数据3...
学校技能竞赛报名表(2021级电商6班（计算机...　学校技能竞赛报名表(2021级电商7班(计算机...　学校技能竞赛报名表(2021级电商10班(美术高...
学校技能竞赛报名表(2021级电商13班(美术设...

图 4-2-1　各班级技能竞赛报名表

●输出结果：

输出结果见表 4-2-1。

表 4-2-1 各项目参赛人数

比赛项目	人数
2019C 程序设计	52
2019VF 数据库	48
2020C 程序设计	44
2020VF 数据库	41
三维动画	3
二维动画制作	18
二维动画制作（2021级）	129
图像处理（2021级）	168
图文混排	147
幻灯片制作	129
表格处理	113
视频剪辑（2021级）	129

【题前思考】

根据问题描述，填写表 4-2-2。

表 4-2-2 问题分析

问题描述	问题解答
怎样将多个文件的数据读入到一个数据框	
数据要以什么为依据进行分组	

【操作提示】

首先是读取"班级表"文件夹下面所有 Excel 文件存在独立的数据框中，将这些数据框构成列表，然后将它们拼接成一个数据框，最后通过 groupby（）函数分类计算出各个参赛项目的人数。

【程序代码】

```
import  pandas as pd
import  os                                                          ①
path=r"D:\pydata\ 项目四 \ 班级表 "
lis1 = os.listdir(path)                                             ②
res=[ ]
for i in lis1:
    res.append(pd.read_excel(rf"{path}\{i}",skiprows = 1))         ③
data=pd.concat(res)                                                ④
data = data.groupby("比赛项目")["姓名"].count( ).to_frame( ).rename({'姓名':'人数'},
```

```
        axis=1)
    print(data)
```
⑤

【代码分析】

①：导入 os 库，os 就是与操作系统相关的标准库，如读取文件、目录、执行系统命令等。

②：列出文件夹"班级表"下所有的文件名称。

③：对列表 lis1 中的每一个文件名 i 形成完整的文件路径 rf"{path}\{i}"，再读取到数据框，关键字参数 skiprows = 1 表示跳过 1 行，跳过的这一行是表的标题。最后，将读取的数据框追加到列表 res。

④：将列表 res 中的所有数据框合并在一起，得到的数据框见表 4-2-3。

表 4-2-3　所有的班级报名表

姓名	性别	年级	行政班	比赛项目	场次	日期	时间	地点
经伟	男	2019 级	2019 级电商 10 班（美术设计与制作高职）（春）	表格处理	22	5 月 26 日周三	8:15－9:45	众创空间 1 号机房
伯桂海	男	2019 级	2019 级电商 10 班（美术设计与制作高职）（春）	幻灯片制作	2	5 月 25 日周二	8:15－9:45	众创空间 2 号机房
樊露	男	2019 级	2019 级电商 10 班（美术设计与制作高职）（春）	幻灯片制作	2	5 月 25 日周二	8:15－9:45	众创空间 2 号机房
…	…	…	…	…	…	…	…	…
王秀娟	女	2021 级	2021 级电商 7 班（计算机高职字影像 3+2)(春）	图像处理（2021 级）	11	5 月 25 日周二	8:15－9:45	二教楼 1 号机房
幸伯梅	女	2021 级	2021 级电商 7 班（计算机高职字影像 3+2)(春）	图像处理（2021 级）	13	5 月 25 日周二	8:15－9:45	二教楼 3 号机房
钟恒	男	2021 级	2021 级电商 7 班（计算机高职字影像 3+2)(春）	图像处理（2021 级）	14	5 月 25 日周二	8:15－9:45	二教楼 4 号机房

⑤：对数据表"data"以"比赛项目"为键进行分组，然后计算各个比赛项目的参赛人数。因为分组计数后得到的只有一列所以返回值是一个序列，用 to_frame( ) 方法转换为数据框后用 rename( ) 方法将列索引 (axis=1) 标签"姓名"改为"人数"，得到的数据框见表 4-2-1。

【技术全貌】

os 库是 Python 标准库，包含常用路径操作、进程管理、环境参数读写等几类函数。磁盘文件操作中，最常使用的当属 os.path 模块。path 是 os 的子模块，可以通过 from os import path 导入，也可以直接通过 os.path 的方式使用。os 模块的常用函数见表 4-2-4。

os 模块和
os.paht 模块

表 4-2-4　os 模块的常用函数

语法	解释
exists(path)	检测文件或目录是否存在。存在返回 True，不存在返回 False
isfile(path)	判断是否为文件。是返回 True，不是返回 False。也可以用来判断文件是否存在
isdir(path)	判断是否为目录。是返回 True，不是返回 False。也可以用来判断目录是否存在

续表

语法	解释
basename (path)	返回不包含所在目录的文件名（含扩展）。 os.path.basename("dir1/dir2/file.ext") 'file.ext'
dirname (path)	返回文件所在目录。 os.path.dirname("dir1/dir2/file.ext") 'dir1/dir2'
join(path, *paths)	将路径不同部分拼接成一个完整的路径。等效于 os.sep.join([path, *paths])。 os.path.join("dir1", "dir2", "file.ext")'dir1/dir2/file.ext'
getsize(path)	返回文件大小。单位为字节
listdir(path='.')	返回一个列表。列表为给定目录下所有文件和子目录，但不包含特殊目录 . 和 ..。默认为当前目录
mkdir(path, mode=0o777)	创建名为 path 的目录，并以数字形式指定目录权限。默认权限为 777。 os.mkdir("newdir")

一展身手

请利用各个班级的技能大赛报名表，统计出参赛人数最多的 3 个项目。统计结果见表 4-2-5。

表 4-2-5　人数最多的 3 个项目

比赛项目	人数
图像处理（2021 级）	168
图文混排	147
二维动画制作（2021 级）	129

活动二　统计各年新生儿的男女比例

【问题描述】

现有从 1880 年到 2010 年的各年份新生儿名字统计表，如图 4-2-2 所示，表中记录了某个名字在不同性别中的使用次数，请统计各年新生儿的男女比例。

yob1880.txt　　yob1909.txt　　yob1938.txt　　yob1967.txt　　yob1996.txt
yob1881.txt　　yob1910.txt　　yob1939.txt　　yob1968.txt　　yob1997.txt
yob1882.txt　　yob1911.txt　　yob1940.txt　　yob1969.txt　　yob1998.txt
yob1883.txt　　yob1912.txt　　yob1941.txt　　yob1970.txt　　yob1999.txt
yob1884.txt　　yob1913.txt　　yob1942.txt　　yob1971.txt　　yob2000.txt
yob1885.txt　　yob1914.txt　　yob1943.txt　　yob1972.txt　　yob2001.txt

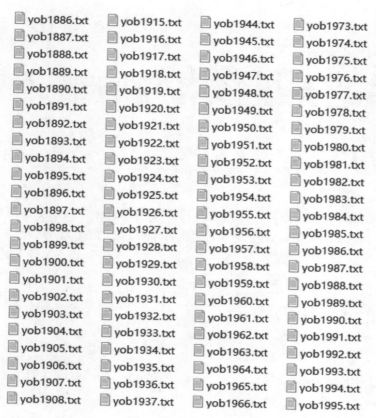

图4-2-2 各年份出生婴儿名字统计信息

• 输出结果:

输出结果见表4-2-6。

表4-2-6 各年新生儿的男女比例

year	gender	
1880	F	0.451 610
	M	0.548 390
1881	F	0.477 185
	M	0.522 815
1882	F	0.486 828
	M	0.513 172
...	...	...
2008	F	0.481 018
	M	0.518 982
2009	F	0.480 832
	M	0.519 168
2010	F	0.480 947
	M	0.519 053

【题前思考】

根据问题描述，填写表 4-2-7。

表 4-2-7　问题分析

问题描述	问题解答
怎样把多个数据表合并到一起	
根据什么对数据进行分组计算	
怎样求出各年新生儿的男女比例	

【操作提示】

首先将每个文件读取到一个数据框中，将这些数据框存放到一个列表中，然后使用concat( ) 函数合并列表中的所有数据框，最后分组计算出各年新生儿的男女比例。

【程序代码】

```
import pandas as pd
path=r"D:\pydata\ 项目四 \ 年份表 "
res=[ ]                                                                    ①
for i in range(1880,2011):
    info=pd.read_csv(f"{path}/yob%s.txt"%i,names=["name","gender","ci"],sep=",",
    header=None)
    info["year"]=i
    res.append(info)                                                       ②
res=pd.concat(res)                                                         ③
res=res.groupby(["year", "gender"])["ci"].sum( ) / res.groupby(["year"])["ci"].sum( )   ④
print(res)
```

【代码分析】

①：定义一个空的列表 res，用于保存各年新生儿名字统计信息数据框。

②：将读取的当年新生儿名字统计信息数据框追加到列表 res。

③：合并列表 res 中的所有数据框，结果见表 4-2-8。ci 表示人数。

表 4-2-8　所有年份的姓名信息表

name	gender	ci	year
Mary	F	7065	1880
Anna	F	2604	1880
Emma	F	2003	1880
Elizabeth	F	1939	1880
Minnie	F	1746	1880
...	...	...	...
Zymaire	M	5	2010

续表

name	gender	ci	year
Zyonne	M	5	2010
Zyquarius	M	5	2010
Zyran	M	5	2010
Zzyzx	M	5	2010

④：首先是按照年份和性别分组统计各年份新生儿的男女人数，然后只按照年份进行分组统计各年份新生儿的总人数，两者相除就求出了各年份的男女比例，见表 4-2-6。

【技术全貌】

pandas 提供了各种工具，可以轻松地将不同的 Series 或 DataFrame 连接、合并在一起。concat( ) 函数可以将数据根据不同的轴对多个数据框作简单的拼接。concat( ) 函数的参数见表4-2-9。

使用 concat 和 join 连接数据框

表 4-2-9　concat 函数的参数

参数	解释
objs	参与连接的 pandas 对象的列表或字典。唯一必需的参数
axis	指明连接的轴向，默认为 0
join	inner、outer 其中之一，默认为 outer。指明其他轴向上的索引是按交集（inner）还是按并集（outer）进行合并
join_axes	指明用于其他 n-1 条轴的索引，不执行并集 / 交集运算
keys	与连接对象有关的值，用于形成连接轴向上的层次化索引。可以是任意值的列表或数组，元组数组、数组列表（如果将 levels 设置成多级数组的话）
levels	指定用作层次化索引各级别上的索引，必须与 keys 参数配合使用
names	用于创建分层级别的名称，必须与 keys 和（或）levels 参数配合使用
verify_integrity	检查结果对象新轴上的重复情况，如果发现则引发异常。默认（False）允许重复
ignore_index	不保留连接轴上的索引，产生一组新索引 range(total_length)

现用实例展示 concat( ) 函数的使用方法。

1. 纵向拼接数据框 (axis=0，默认值)

```
import  pandas as pd
df1=pd.DataFrame({'A':['A0','A1','A2','A3'],'B':['B0','B1','B2','B3']},index=range(4))
df2=pd.DataFrame({'A':['A4','A5','A6','A7'],'B':['B4','B5','B6','B7']},index=range(4,8))
df3=pd.DataFrame({'A':['A8','A9','A10','A11'],'C':['C8','C9','C10','C11']},index=range(8,12))
result=pd.concat([df1,df2,df3])
```

默认 axis=0，在 0 轴上合并即纵向拼接，输入数据框 df1、df2、df3 和结果数据框 result如图 4-2-3 所示。

df1			df2			df3			result			
	A	B		A	B		A	C		A	B	C
0	A0	B0	4	A4	B4	8	A8	C8	0	A0	B0	NaN
1	A1	B1	5	A5	B5	9	A9	C9	1	A1	B1	NaN
2	A2	B2	6	A6	B6	10	A10	C10	2	A2	B2	NaN
3	A3	B3	7	A7	B7	11	A11	C11	3	A3	B3	NaN
									4	A4	B4	NaN
									5	A5	B5	NaN
									6	A6	B6	NaN
									7	A7	B7	NaN
									8	A8	NaN	C8
									9	A9	NaN	C9
									10	A10	NaN	C10
									11	A11	NaN	C11

图 4-2-3　纵向拼接数据框

2. 横向拼接数据框 (axis=1)

```
import pandas as pd
df1=pd.DataFrame({'A':['A0','A1','A2','A3'],'B':['B0','B1','B2','B3']},index=range(4))
df4=pd.DataFrame({'C':['C2','C3','C4','C5'],'D':['D2','D3','D4','D5']},index=range(2,6))
result=pd.concat([df1,df4],axis=1)
```

在 1 轴上对各数据框进行拼接即横向拼接，需要按行索引对齐，缺失的列值为 NaN。输入数据框 df1、df4 和结果数据框 result 如图 4-2-4 所示。

df1			df4			result				
	A	B		C	D		A	B	C	D
0	A0	B0	2	C2	D2	0	A0	B0	NaN	NaN
1	A1	B1	3	C3	D3	1	A1	B1	NaN	NaN
2	A2	B2	4	C4	D4	2	A2	B2	C2	D2
3	A3	B3	5	C5	D5	3	A3	B3	C3	D3
						4	NaN	NaN	C4	D4
						5	NaN	NaN	C5	D5

图 4-2-4　横向拼接数据框

3. 合并时给各输入数据框加标签 (keys=[…])

```
import pandas as pd
df1=pd.DataFrame({'A':['A0','A1','A2','A3'],'B':['B0','B1','B2','B3']},index=range(4))
df2=pd.DataFrame({'A':['A0','A1','A2','A3'],'B':['B0','B1','B2','B3']},index=range(4))
df3=pd.DataFrame({'A':['A0','A1','A2','A3'],'C':['C0','C1','C2','C3']},index=range(4))
result=pd.concat([df1,df2,df3],keys=['x','y','z'])
```

拼接时为便于区分，对来自不同数据的数据行加上指定的行索引标签。keys=['x', 'y', 'z'] 表示将列表中的 "x" "y" "z" 分别作为数据框 df1、df2、df3 中行的标签，输入数据框 df1、df2、df3 和结果数据框 result 如图 4-2-5 所示。

	A	B
0	A0	B0
1	A1	B1
2	A2	B2
3	A3	B3

df1

	A	B
0	A0	B0
1	A1	B1
2	A2	B2
3	A3	B3

df2

	A	C
0	A0	C0
1	A1	C1
2	A2	C2
3	A3	C3

df3

result

		A	B	C
x	0	A0	B0	NaN
	1	A1	B1	NaN
	2	A2	B2	NaN
	3	A3	B3	NaN
y	0	A0	B0	NaN
	1	A1	B1	NaN
	2	A2	B2	NaN
	3	A3	B3	NaN
z	0	A0	NaN	C0
	1	A1	NaN	C1
	2	A2	NaN	C2
	3	A3	NaN	C3

图 4-2-5　给数据行加行索引标签

4. 拼接时指定连接方式 (join='inner'，默认为 'outer')

import pandas as pd

df1=pd.DataFrame({'A':['A0','A1','A2','A3'],'B':['B0','B1','B2','B3']},index=range(4))

df4=pd.DataFrame({'C':['C2','C3','C4','C5'],'D':['D2','D3','D4','D5']},index=range(2,6))

result=pd.concat([df1,df4],axis=1,join='inner')

采用内连接合并，join 默认为 outer 外连接。输入数据框 df1、df4 和结果数据框 result 如图 4-2-6 所示。

df1

	A	B
0	A0	B0
1	A1	B1
2	A2	B2
3	A3	B3

df4

	C	D
2	C2	D2
3	C3	D3
4	C4	D4
5	C5	D5

result

	A	B	C	D
2	A2	B2	C2	D2
3	A3	B3	C3	D3

图 4-2-6　采用内连接方式拼接

5. 拼接时忽略索引（ignore_index=True，默认为 False）

import pandas as pd

df1=pd.DataFrame({'A':['A0','A1','A2','A3'],'B':['B0','B1','B2','B3']},index=range(4))

df4=pd.DataFrame({'C':['C2','C3','C4','C5'],'D':['D2','D3','D4','D5']},index=range(2,6))

result=pd.concat([df1,df4],ignore_index=True)

拼接时忽略所有索引，不进行索引对齐，直接将多个数据框拼接在一起，重新生成索引。输入数据框 df1、df4 和结果数据框 result 如图 4-2-7 所示。

df1

	A	B
0	A0	B0
1	A1	B1
2	A2	B2
3	A3	B3

df4

	C	D
2	C2	D2
3	C3	D3
4	C4	D4
5	C5	D5

result

	A	B	C	D
0	A0	B0	NaN	NaN
1	A1	B1	NaN	NaN
2	A2	B2	NaN	NaN
3	A3	B3	NaN	NaN
4	NaN	NaN	C2	D2
5	NaN	NaN	C3	D3
6	NaN	NaN	C4	D4
7	NaN	NaN	C5	D5

图 4-2-7　忽略索引的拼接

请利用从 1880 年到 2010 年的各年份新生儿名字统计表，输出各年份男女使用最多的名字。结果见表 4-2-10。

表 4-2-10　各年份男女使用最多的名字

year	gender	name
1880	F	Mary
	M	John
1881	F	Mary
	M	John
1882	F	Mary
...	...	...
2008	M	Jacob
2009	F	Isabella
	M	Jacob
2010	F	Isabella
	M	Jacob

项目小结

　　相关联的数据通常是存在不同文件中的，将这些数据读入到数据框之后，需要根据数据的关联性将它们合并到一起。pandas 提供了多个合并数据框的方法，本项目学习了使用 merge( ) 函数和 concat( ) 函数合并多个数据框。merge( ) 函数通过两个数据框共有的信息进行合并，且提供了多种合并方式。concat( ) 函数实现多个数据框的灵活拼接，可以根据需要横向或纵向拼接，还提供了丰富的参数来控制拼接的细节。当通过这些方式将多个数据框合并成一个数据框之后，就可以进行清洗、查询和统计操作了。

自我检测

一、选择题

1. jieba 库里的（　　）方法是以精确模式返回一个列表类型。

　　A. jieba.cut(s)　　　　B. jieba.cut_for_search(s)　　　　C. jieba.lcut(s)　　　　D. jieba.add_word(w)

2. merge( ) 函数中设置参与合并的左侧数据框的参数是（　　）。

　　A. left　　　　B. right　　　　C. left_on　　　　D. right_on

3. os 库的函数中可以返回给定目录下所有文件和子目录列表的是（　　）。

　　A. isdir(path)　　　　B. dirname(path)　　　　C. mkdir(path)　　　　D. listdir(path)

4. concat( ) 函数的参数中，（   ）是设置连接对象有关的值，用于形成连接轴向上的层次化索引。

    A. keys   B. levels   C. names   D. verify_integrity

5. 下面不能实现连接多个数据框的函数是（   ）。

    A. merge( )   B. concat( )   C. join( )   D. cut( )

二、填空题

1. _____方法用于将序列中的元素以指定的字符连接生成一个新的字符串。

2. s1 = "–", seq = ("r", "u", "n", "o", "o", "b")，则 print (s1.join(seq)) 的输出结果是_____。

3. concat 函数中，参数_____指明连接的轴向，默认为 0。

4. concat 函数中，参数_____不保留连接轴上的索引，产生一组新索引。

5. 可以实现中文分词的库是_____。

三、编写程序

请利用各年的新生儿名字统计表，统计出各年份男女使用最多的前 100 个名字。

 项目评价

任务	标准	配分 / 分	得分 / 分
合并多个数据框	能描述 merge( ) 函数的作用及各参数的含义	20	
	能按要求用 merge( ) 合并多个数据框	30	
拼接多个数据框	能描述 concat( ) 函数的作用及各参数的含义	20	
	能按要求用 concat( ) 拼接多个数据框	30	
总分		100	

 阅读有益

国产开源 Web 前端开发利器——HBuilderX

    Web 前端是呈现数据的主流方式。通常对数据进行处理之后，都使用 Web 向用户呈现最终处理结果，而在众多 Web 前端开发工具中，HBuilderX 是其中的佼佼者。

    HBuilderX 是 DCloud（数字天堂）推出的一款支持 HTML5 的 Web 开发 IDE。HBuilderX 的编写用到了 Java、C 和 Ruby。HBuilder 的主体是由 Java 编写，它基于 Eclipse，所以顺其自然地兼容了 Eclipse 的插件。快，是 HBuilder 的最大优势，通过完整的语法提示和代码输入法、代码块等，大幅提升 HTML、JS、CSS 的开发效率。

项目五　改变数据框结构

///////// **项目描述** /////////

在处理数据的时候，我们有时会遇到多级索引的情况，如学生信息统计表中按班级和性别统计人数时，一级索引就是班级，二级索引就是性别。除了行索引可以是多级索引外，列索引也可以是多级索引，如成绩统计表，它的列标题就可以有两级，第一级是学科，第二级是成绩等级，各行数据就是每学科各种等级的学生占比。pandas 提供了改变数据框结构的工具，可以将行索引展开到列索引，也可以将列索引收折到行索引，这两种操作统称为"旋转"。除了修改多级索引的操作外，改变数据框结构的操作还包括创建数据透视表和交叉表，我们都将在本项目中的具体示例中看到。

///////// **项目目标** /////////

知识目标：

能描述 stack( )、melt( )、unstack( )、pivot( )、pivot_table( )、crosstab( ) 的作用及参数的含义。

技能目标：

能按要求用 stack( )、melt( ) 收折数据列；

能按要求用 unstack( )、pivot( ) 展开数据列；

能按要求用 pivot_table( ) 创建数据透视图；

能按要求用 crosstab( ) 创建交叉表。

思政目标：

培养通过创新保持技术生命力的意识。

任务一　展开和收折数据列

在统计数据的时候，有时可能需要进行行列互换的操作。例如，性别数据是数据框的一列，但是现在需要分别查看各性别的数据，就要把"男"和"女"作为列标题，也就是当作列索引来使用，就要把"竖"着的数据展开成"横"着的数据，如图 5-1-1 所示。

年级	比赛项目	性别	人数
2019 级	2019C 程序设计	女	25
2019 级	2019C 程序设计	男	27
2019 级	2019VF 数据库	女	19
2019 级	2019VF 数据库	男	29
2019 级	三维动画	男	3
2019 级	二维动画制作	女	7
2019 级	二维动画制作	男	6
2019 级	图文混排	女	43
2019 级	图文混排	男	56
2019 级	幻灯片制作	女	13
2019 级	幻灯片制作	男	10
2019 级	表格处理	女	30
2019 级	表格处理	男	54
2020 级	2020C 程序设计	女	13
2020 级	2020C 程序设计	男	31
2020 级	2020VF 数据库	女	14
2020 级	2020VF 数据库	男	27
2020 级	二维动画制作	女	1
2020 级	二维动画制作	男	4
2020 级	图文混排	女	20
2020 级	图文混排	男	28
2020 级	幻灯片制作	女	44
2020 级	幻灯片制作	男	62
2020 级	表格处理	女	13
2020 级	表格处理	男	16
2021 级	二维动画制作	女	57
2021 级	二维动画制作	男	72
2021 级	图像处理	女	70
2021 级	图像处理	男	98
2021 级	视频剪辑	女	59
2021 级	视频剪辑	男	70

年级	比赛项目	女	男
2019 级	2019C 程序设计	25.0	27.0
2019 级	2019VF 数据库	19.0	29.0
2019 级	三维动画	NaN	3.0
2019 级	二维动画制作	7.0	6.0
2019 级	图文混排	43.0	56.0
2019 级	幻灯片制作	13.0	10.0
2019 级	表格处理	30.0	54.0
2020 级	2020C 程序设计	13.0	31.0
2020 级	2020VF 数据库	14.0	27.0
2020 级	二维动画制作	1.0	4.0
2020 级	图文混排	20.0	28.0
2020 级	幻灯片制作	44.0	62.0
2020 级	表格处理	13.0	16.0
2021 级	二维动画制作	57.0	72.0
2021 级	图像处理	70.0	98.0
2021 级	视频剪辑	59.0	70.0

图 5-1-1　数据"展开"示例

相应地，有时我们也需要将"横"着的数据收折成"竖"着的数据。收折数据可以用 stack( ) 和 melt( )，展开数据可以用 unstack( ) 和 pivot( )。

 活动一　按年级统计各参赛项目的男女生人数

【问题描述】

学校开展技能大赛，每个班以一个 Excel 文件的形式上交了他们的报名表，各 Excel 文件以班级名称命名，放到一个文件夹中。各文件的结构相同，第一行是表格名称，第二行是列标题，数据从第三行开始，见表 5-1-1。

表 5-1-1　学校技能大赛报名表

姓名	性别	年级	行政班	比赛项目	日期
苏卫东	男	2019 级	2019 级电商 1 班（电子商务 3+2）（春）	表格处理	5 月 26 日
屠家俊	男	2019 级	2019 级电商 1 班（电子商务 3+2）（春）	表格处理	5 月 26 日
於鑫	男	2019 级	2019 级电商 1 班（电子商务 3+2）（春）	表格处理	5 月 26 日
…	…	…	…	…	…
宗渝华	男	2019 级	2019 级电商 1 班（电子商务 3+2）（春）	图文混排	5 月 25 日
邹媛媛	女	2019 级	2019 级电商 1 班（电子商务 3+2）（春）	图文混排	5 月 25 日

现要求分年级统计参加各比赛项目的男女生人数。

• 输出结果：

输出结果见表 5-1-2。

表 5-1-2　各参赛项目男女生人数表

年级	性别 比赛项目	女	男
2019 级	2019C 程序设计	25.0	27.0
	2019VF 数据库	19.0	29.0
	三维动画	NaN	3.0
	二维动画制作	7.0	6.0
	图文混排	43.0	56.0
	幻灯片制作	13.0	10.0
	表格处理	30.0	54.0
2020 级	2020C 程序设计	13.0	31.0
	2020VF 数据库	14.0	27.0
	二维动画制作	1.0	4.0
	图文混排	20.0	28.0
	幻灯片制作	44.0	62.0
	表格处理	13.0	16.0

续表

		女	男
年级	比赛项目		
2021 级	二维动画制作	57.0	72.0
	图像处理	70.0	98.0
	视频剪辑	59.0	70.0

备注：从表格结构来看，此表并非常见的二维表，而是一个多维表，行索引
有两级，分别是年级和比赛项目。"性别"是列索引的名称。

【题前思考】

根据问题描述，填写表 5-1-3。

表 5-1-3　问题分析

问题描述	问题解答
怎样将多个 Excel 文件的数据读入到一个数据框	
数据是以什么为依据来分组的	
怎样把"竖"着的数据"横"起来	

【操作提示】

可以使用 glob 模块获得指定文件夹下所有的 Excel 文件，然后将各文件读入到数据框，形成一个数据框列表，用 pd.concat( ) 就可以将列表中所有的数据框拼接成一个数据框。从原始表格和结果表格来看，需要对原始数据依次按"年级""班级""性别"3 个键进行分组，然后统计值的个数。

【程序代码】

```
import pandas as pd
import glob
files=glob.glob(r'D:\pydata\项目五\班级表\*.xlsx')                          ①
res=[ ]                                                                    ②
for f in files:
    res.append(pd.read_excel(f,skiprows=1).loc[:,[' 姓名 ',' 性别 ',' 年级 ',' 行政班 ',
                                      ' 比赛项目 ',' 日期 ']])                ③
grade=pd.concat(res)                                                       ④
grade[' 日期 ']=grade[' 日期 '].str[:-2]
res=grade.groupby([' 年级 ',' 比赛项目 ',' 性别 '])[' 姓名 '].agg('count')       ⑤
res=res.unstack(2)                                                         ⑥
print(res)
```

【代码分析】

①：使用 Python 内置模块 glob 中的 glob( ) 函数从指定文件夹中读取扩展名为 xlsx 的所有文件，其中字符 * 代表任意字符。glob( ) 函数读取的文件名是包括路径和文件名的完整文件名称。读取的结果是一个列表，保存到变量 files 中。

files的值为['D:\\pydata\\项目五\\班级表\\学校技能竞赛报名表(2019级电商10班(美术设计与制作高职)(春)).xlsx', 'D:\\pydata\\项目五\\班级表\\学校技能竞赛报名表(2019级电商11班(数字影像3+2)(春)).xlsx', 'D:\\pydata\\项目五\\班级表\\学校技能竞赛报名表(2019级电商1班(电子商务3+2)(春)).xlsx',…]。

②：定义空列表res用于存储各个班级报名表对应的数据框。

③：对列表files中的每一个文件名f，读取到数据框并追加到列表res。因为glob()函数中使用的文件名称为*.xlsx，所以每一个文件名f对应一个Excel文件，用pandas.read_excel()函数读取到数据框，再用列表的append()方法将读取的数据框追加到列表res。参数skiprows=1表示跳过第一行，因为第一行是表格名称不需要读取到数据框。一个班级的报名表数据见表5-1-4。

表5-1-4 单个班级报名表

姓名	性别	年级	行政班	比赛项目	日期
经伟	男	2019级	2019级电商10班(美术设计与制作高职)(春)	表格处理	5月26日周三
伯桂海	男	2019级	2019级电商10班(美术设计与制作高职)(春)	幻灯片制作	5月25日周二
樊露	男	2019级	2019级电商10班(美术设计与制作高职)(春)	幻灯片制作	5月25日周二
…	…	…	…	…	…
汤阿奎	男	2019级	2019级电商10班(美术设计与制作高职)(春)	幻灯片制作	5月25日周二
袁婷	女	2019级	2019级电商10班(美术设计与制作高职)(春)	幻灯片制作	5月25日周二
詹鹏	男	2019级	2019级电商10班(美术设计与制作高职)(春)	幻灯片制作	5月25日周二

④：将列表res中的所有数据框拼接成一个数据框，默认情况下是纵向拼接，即将所有数据框中的行组合成一个数据框，保存到变量grade中，合并之后的数据框见表5-1-5。

表5-1-5 合并之后的报名表

姓名	性别	年级	行政班	比赛项目	日期
经伟	男	2019级	2019级电商10班(美术设计与制作高职)(春)	表格处理	5月26日周三
伯桂海	男	2019级	2019级电商10班(美术设计与制作高职)(春)	幻灯片制作	5月25日周二
樊露	男	2019级	2019级电商10班(美术设计与制作高职)(春)	幻灯片制作	5月25日周二
苟颖	女	2019级	2019级电商10班(美术设计与制作高职)(春)	幻灯片制作	5月25日周二
经勇	男	2019级	2019级电商10班(美术设计与制作高职)(春)	幻灯片制作	5月25日周二
…	…	…	…	…	…
申玉川	男	2021级	2021级电商7班(计算机高职字影像3+2)(春)	图像处理(2021级)	5月25日周二
孙乐	男	2021级	2021级电商7班(计算机高职字影像3+2)(春)	图像处理(2021级)	5月25日周二
王秀娟	女	2021级	2021级电商7班(计算机高职字影像3+2)(春)	图像处理(2021级)	5月25日周二
幸伯梅	女	2021级	2021级电商7班(计算机高职字影像3+2)(春)	图像处理(2021级)	5月25日周二
钟恒	男	2021级	2021级电商7班(计算机高职字影像3+2)(春)	图像处理(2021级)	5月25日周二

⑤：对数据框按"年级""比赛项目""性别"的顺序依次进行分组，即先按"年级"分组，再对各分组中的各行数据按"比赛项目"分组，再继续对各个小分组中的各行数据根据"性别"再分组。最后对最小的分组中的"姓名"列进行计数，得到的结果是一个 3 级索引的序列，见表 5-1-6。

表 5-1-6　分组之后得到的序列 (Series)

年级	比赛项目	性别	
2019 级	2019C 程序设计	女	25
		男	27
	2019VF 数据库	女	19
		男	29
	三维动画	男	3
	二维动画制作	女	7
		男	6
	图文混排	女	43
		男	56
	幻灯片制作	女	13
		男	10
	表格处理	女	30
		男	54
2020 级	2020C 程序设计	女	13
		男	31
	2020VF 数据库	女	14
		男	27
	二维动画制作	女	1
		男	4
	图文混排	女	20
		男	28
	幻灯片制作	女	44
		男	62
	表格处理	女	13
		男	16
2021 级	二维动画制作	女	57
		男	72
	图像处理	女	70
		男	98
	视频剪辑	女	59
		男	70

⑥：res.unstack(2) 将第 2 级行索引展开到列。索引从 0 开始，从表 5-1-6 可以看出，第 0 级索引是"年级"，第 1 级索引是"比赛项目"，第 2 级索引是"性别"。将"性别"列的所有不同值（只有"男"和"女"两个值）作为列名，展开之后的数据框见表 5-1-2。

【优化提升】

unstack( ) 方法是对行索引进行展开操作，数据框还提供了 pivot( ) 方法，可以对数据列进行展开操作。使用 pivot( ) 方法完成同样操作的程序如下：

```
import pandas as pd
import glob
files=glob.glob(r'D:\pydata\ 项目五 \ 班级表 \*.xlsx')
res=[ ]
for f in files:
    res.append(pd.read_excel(f,skiprows=1).loc[:,[' 姓名 ',' 性别 ',' 年级 ',' 行政班 ',
                                                  ' 比赛项目 ',' 日期 ']])
grade=pd.concat(res)
grade[' 日期 ']=grade[' 日期 '].str[:-2]
res=(grade.groupby([' 年级 ',' 比赛项目 ',' 性别 '])[' 姓名 '].agg([(' 人数 ','count')]).
    reset_index( ))                                                                     ①
res=res.pivot(index=[' 年级 ',' 比赛项目 '],columns=[' 性别 '],values=' 人数 ')             ②
print(res)
```

①：reset_index( ) 方法表示将索引转换成数据列，数据框内容见表 5-1-7。

表 5-1-7　将索引转换成数据列之后的数据框

年级	比赛项目	性别	人数
2019 级	2019C 程序设计	女	25
2019 级	2019C 程序设计	男	27
2019 级	2019VF 数据库	女	19
2019 级	2019VF 数据库	男	29
2019 级	三维动画	男	3
2019 级	二维动画制作	女	7
2019 级	二维动画制作	男	6
2019 级	图文混排	女	43
2019 级	图文混排	男	56
2019 级	幻灯片制作	女	13
2019 级	幻灯片制作	男	10
2019 级	表格处理	女	30
2019 级	表格处理	男	54
2020 级	2020C 程序设计	女	13
2020 级	2020C 程序设计	男	31

续表

年级	比赛项目	性别	人数
2020 级	2020VF 数据库	女	14
2020 级	2020VF 数据库	男	27
2020 级	二维动画制作	女	1
2020 级	二维动画制作	男	4
2020 级	图文混排	女	20
2020 级	图文混排	男	28
2020 级	幻灯片制作	女	44
2020 级	幻灯片制作	男	62
2020 级	表格处理	女	13
2020 级	表格处理	男	16
2021 级	二维动画制作（2021 级）	女	57
2021 级	二维动画制作（2021 级）	男	72
2021 级	图像处理（2021 级）	女	70
2021 级	图像处理（2021 级）	男	98
2021 级	视频剪辑（2021 级）	女	59
2021 级	视频剪辑（2021 级）	男	70

②：语句 res.pivot(index=[' 年级 ',' 比赛项目 '],columns=[' 性别 '],values=[' 人数 '])
中，参数 index=[' 年级 ',' 比赛项目 '] 表示将"年级"和"比赛项目"这两列作为行索引，
columns=[' 性别 '] 表示将"性别"列中的不同值作为列名，values=[' 人数 '] 表示将"人数"
列作为数据框的值。结果见表 5-1-2。

【技术全貌】

改变数据框的结构不可避免要涉及数据框的索引，在 pandas 中涉及索引操作的方法和函
数有很多，表 5-1-8 列举了与本项目相关的一些内容，更多的内容请参考官网文档。

表 5-1-8　索引操作的相关方法

语法	解释
DataFrame.unstack([level, fill_value])	旋转指定级别的索引，此处的"旋转"就是将行索引转换为列索引，就是将"竖"着的索引转换为"横"着的索引。参数： level：int、str 或它们的 list，默认值为 -1（最后一层）表示 unstack 的索引级别，也可以使用级别名称，还可以使用索引列表操作多个索引。 fill_value：int、str 或 dict，如果 unstack 产生缺少的值，用该值替换 NaN。 返回值：Series 或 DataFrame
DataFrame.pivot ([index, columns, values])	返回按给定索引 / 列值组织的重新构造的 DataFrame。 根据列值重塑数据（生成一个 "pivot" 表）。使用来自指定索引 / 列的唯一值来形成结果 DataFrame 的索引。此函数不支持数据聚合，多个值将导致列中的多索引。 参数：

续表

语法	解释
	index：str 或 object，可选。用于制作新 frame 索引的列。如果为 None，则使用现有索引。 columns：str 或 object 或字符串列表，指出要作为列标题的列。 values：str、object 或之前的列表，可选，用于填充新 frame 值的列。如果未指定，将使用所有剩余的列，并且结果将具有按层次结构索引的列，还接受列名称列表。 返回值：DataFrame
DataFrame.rename([mapper, index,columns,…])	更改索引标签，即行标题或列标题。 函数或字典的值必须唯一（1 对 1）。字典中未包含的标签将保持原样。列出的其他标签不会引发错误。 参数： mapper: 字典或函数或者类似字典或函数的转换，表示应用于该索引标签的值。 二者必选其一。 index: 类似字典或函数，指定 axis (mapper, axis=0 相当于 index=mapper) 的替代方法。 columns: 类似字典或函数，指定 axis (mapper, axis=1 等同于 columns=mapper) 的替代方法。 axis:int 或 str. 可以是字符串 (' index '，' columns ') 或数字 (0,1)，默认为 ' index '。0 或 'index' 表示行，1 或 'columns' 表示列。 inplace:bool, 默认为 False，是否替换原有的 DataFrame。 level:int 或 level name,默认值为 None,对于多索引,只能在指定的级别重命名标签。 返回值：Series 或 DataFrame
DataFrame.rename_axis([mapper,index,…])	设置行索引或列索引的名称。 参数： mapper: 标量、列表，可选，设置索引名称属性的值。 Index、columns: 标量、列表、字典或函数，以应用于行或列上的索引名称属性的值。使用 mapper 和 axis，可以使用 mapper 或 index 和 / 或 columns 指定要指定的索引。 axis:{0 或 'index', 1 或 'columns'},默认为 0，重命名的轴。 inplace:bool, 默认为 False，直接修改对象，而不是创建新的 Series 或 DataFrame。 返回值 :Series、DataFrame 或 None
DataFrame.reset_index([level, drop,…])	重置索引或索引的一个级别
DataFrame.set_index(keys[, drop, append, …])	使用现有列设置 DataFrame 索引。使用一个或多个现有的列或数组（正确的长度）设置 DataFrame 索引（行标签）。索引可以替换现有索引或在其上展开。
DataFrame.droplevel(level[, axis])	返回删除指定的索引 / 列级别的 DataFrame。 参数： level: int、str 或 list-like，如果给出了字符串，则必须是级别的名称。如果类似列表，则元素必须是级别的名称或位置索引。 axis：{0 或 'index', 1 或 'columns'}，默认值为 0
DataFrame.swaplevel([i, j, axis])	交换第 i 级索引和第 j 级索引的位置，axis 为 {0 或 'index', 1 或 'columns'}，默认值为 0
DataFrame.T	DataFrame 行列互换

一展身手

此处仍然对技能大赛报名表进行统计操作，要求查看各项目男生和女生在每个年级的分布情况，即将年级从行索引展开（或旋转）到列索引。统计结果见表 5-1-9，请分别用 unstack( ) 方法和 pivot( ) 方法完成指定的操作，并将结果保存为 Excel 文件。

表 5-1-9　展开 "年级" 到列索引

比赛项目	性别	2019 级	2020 级	2021 级
2019C 程序设计	女	25	NaN	NaN
	男	27	NaN	NaN
2019VF 数据库	女	19	NaN	NaN
	男	29	NaN	NaN
2020C 程序设计	女	NaN	13	NaN
	男	NaN	31	NaN
2020VF 数据库	女	NaN	14	NaN
	男	NaN	27	NaN
三维动画	男	3	NaN	NaN
二维动画制作	女	7	1	NaN
	男	6	4	NaN
二维动画制作（2021 级）	女	NaN	NaN	57
	男	NaN	NaN	72
图像处理（2021 级）	女	NaN	NaN	70
	男	NaN	NaN	98
图文混排	女	43	20	NaN
	男	56	28	NaN
幻灯片制作	女	13	44	NaN
	男	10	62	NaN
表格处理	女	30	13	NaN
	男	54	16	NaN
视频剪辑（2021 级）	女	NaN	NaN	59
	男	NaN	NaN	70

活动二　查询学生成绩

【问题描述】

学校的期末考试后，每个专业都会提交一份本专业的学生成绩表给教务处。为便于学生查询成绩，教务处需要将不同专业的考试成绩表合并成一张表。但是，不同专业学生的考试科目是不同的，如果采用 concat( ) 函数将这些表进行纵向拼接，那么某位同学所学的专业课程以外的其他课程成绩将会被置为空值，由此会产生很多空值，不便于查看，拼接的结果见表 5-1-10。

表 5-1-10　专业课成绩表

姓名	考号	年级	专业	班级	幼儿心理学	旅游概论	发动机	…	电工基础	客房	C语言	机械制图
万皓淞	2022020485	2019级	学前教育	2019 级学前教育 1 班	47.0	NaN	NaN	…	NaN	NaN	NaN	NaN
严晟	2022020887	2019级	学前教育	2019 级学前教育 3 班	44.0	NaN	NaN	…	NaN	NaN	NaN	NaN
乔桂芹	2022020922	2019级	学前教育	2019 级学前教育 3 班	49.0	NaN	NaN	…	NaN	NaN	NaN	NaN
…	…	…	…	…	…	…	…	…	…	…	…	…
龚居	2023020952	2020级	计算机应用	2020 级计算机应用 1 班	NaN	NaN	NaN	…	NaN	NaN	95.0	NaN
龚春	2023020698	2020级	计算机应用	2020 级计算机应用 2 班	NaN	NaN	NaN	…	NaN	NaN	78.0	NaN
龚理	2023020701	2020级	计算机应用	2020 级计算机应用 2 班	NaN	NaN	NaN	…	NaN	NaN	59.0	NaN

为了解决这个问题，需要对以上的成绩表做一下调整，将其加工成表 5-1-11 所示的结构。

表 5-1-11　加工后的学生专业课成绩表

姓名	课程	成绩
万皓淞	幼儿心理学	47.0
	幼儿教育学	62.0
	教育专业理论	152.0
严晟	幼儿心理学	44.0
	幼儿教育学	62.0
…	…	…
龚居	VFP	71.0
龚春	C 语言	78.0
	VFP	63.0
龚理	C 语言	59.0
	VFP	72.0

请编写程序读取原始成绩表，在修改表结构之后根据输入的姓名查询学生成绩。

●**输入数据：**

龚理

●**输出结果：**

输出结果见表 5-1-12。

表 5-1-12　学生成绩查询结果

课程	成绩
C 语言	59.0
VFP	72.0

【题前思考】

根据问题描述，填写表 5-1-13。

表 5-1-13　问题分析

问题描述	问题解答
怎样把"横"着的数据"课程""竖"起来	
怎样根据索引查询学生成绩	

【操作提示】

因为要根据学生姓名查询学生信息，所以要将学生姓名设置为索引。然后对列索引进行"收折"，使之变成行索引，收折之后原来的列索引与"姓名"索引构成多级索引，变成了一个以成绩为值的序列，实现把"横"着的"课程"数据"竖"起来。最后使用数据框的 loc 属性定位学生成绩实现查询功能。

【程序代码】

```
import pandas as pd
grade=pd.read_excel(r"D:\pydata\ 项目五 \ 专业课成绩表 .xlsx")
grade.drop(columns=[' 考号 ',' 年级 ',' 专业 ',' 班级 '],inplace=True)
grade.set_index([' 姓名 '],inplace=True)                              ①
grade.columns.name=' 课程 '                                          ②
grade=grade.stack( )                                                ③
grade=grade.to_frame( )                                             ④
grade.columns=[' 成绩 ']                                             ⑤
name=input(" 请输入您的姓名 :\n")
if name in grade.index :
    print(grade.loc[name]
else:
    print(' 学生姓名错误！')
```

【代码分析】

①：将"姓名"列设置为数据框的索引，参数 inplace=True 表示用操作结果替换原有数

据框，结果见表 5-1-14。将"姓名"列设置为数据框的索引之后才能用 loc 属性访问指定姓名的数据。

表 5-1-14 将"姓名"列设置为数据框的索引

姓名	幼儿心理学	旅游概论	发动机	…	电工基础	客房	C 语言	机械制图
万皓淞	47.0	NaN	NaN	…	NaN	NaN	NaN	NaN
严晟	44.0	NaN	NaN	…	NaN	NaN	NaN	NaN
乔桂芹	49.0	NaN	NaN	…	NaN	NaN	NaN	NaN
付春	48.0	NaN	NaN	…	NaN	NaN	NaN	NaN
任庆龙	35.0	NaN	NaN	…	NaN	NaN	NaN	NaN
…	…	…	…	…	…	…	…	…
齐慧	NaN	NaN	NaN	…	NaN	NaN	21.0	NaN
龙凤玲	NaN	NaN	NaN	…	NaN	NaN	36.0	NaN
龚居	NaN	NaN	NaN	…	NaN	NaN	95.0	NaN
龚春	NaN	NaN	NaN	…	NaN	NaN	78.0	NaN
龚理	NaN	NaN	NaN	…	NaN	NaN	59.0	NaN

②：将列索引命名为"课程"，便于后续操作，结果见表 5-1-15。

表 5-1-15 将列索引命名为"课程"

课程 姓名	幼儿心理学	旅游概论	发动机	…	电工基础	客房	C 语言	机械制图
万皓淞	47.0	NaN	NaN	…	NaN	NaN	NaN	NaN
严晟	44.0	NaN	NaN	…	NaN	NaN	NaN	NaN
乔桂芹	49.0	NaN	NaN	…	NaN	NaN	NaN	NaN
付春	48.0	NaN	NaN	…	NaN	NaN	NaN	NaN
任庆龙	35.0	NaN	NaN	…	NaN	NaN	NaN	NaN
…	…	…	…	…	…	…	…	…
齐慧	NaN	NaN	NaN	…	NaN	NaN	21.0	NaN
龙凤玲	NaN	NaN	NaN	…	NaN	NaN	36.0	NaN
龚居	NaN	NaN	NaN	…	NaN	NaN	95.0	NaN
龚春	NaN	NaN	NaN	…	NaN	NaN	78.0	NaN
龚理	NaN	NaN	NaN	…	NaN	NaN	59.0	NaN

③：调用数据框对象 grade 的 stack( ) 方法"收折"最后一级列索引"课程"，将使数据框变成一个多级索引的序列。序列内容见表 5-1-16。

表 5-1-16　grade 收折之后形成的序列

姓名	课程	
万皓淞	幼儿心理学	47.0
	幼儿教育学	62.0
	教育专业理论	152.0
严晟	幼儿心理学	44.0
	幼儿教育学	62.0
	…	
龚居	VFP	71.0
龚春	C 语言	78.0
	VFP	63.0
龚理	C 语言	59.0
	VFP	72.0

如果用 print(grade.index) 可以看到如下内容：

MultiIndex([(' 万皓淞 ', ' 幼儿心理学 '),
　　　　　(' 万皓淞 ', ' 幼儿教育学 '),
　　　　　(' 万皓淞 ', ' 教育专业理论 '),
　　　　　(' 严晟 ', ' 幼儿心理学 '),
　　　　　(' 严晟 ', ' 幼儿教育学 '),
　　　　　(' 严晟 ', ' 教育专业理论 '),
　　　　　(' 乔桂芹 ', ' 幼儿心理学 '),
　　　　　(' 乔桂芹 ', ' 幼儿教育学 '),
　　　　　(' 乔桂芹 ', ' 教育专业理论 '),
　　　　　(' 付春 ', ' 幼儿心理学 '),
　　　　　…
　　　　　(' 齐慧 ', 'C 语言 '),
　　　　　(' 齐慧 ', 'VFP'),
　　　　　(' 龙凤玲 ', 'C 语言 '),
　　　　　(' 龙凤玲 ', 'VFP'),
　　　　　(' 龚居 ', 'C 语言 '),
　　　　　(' 龚居 ', 'VFP'),
　　　　　(' 龚春 ', 'C 语言 '),
　　　　　(' 龚春 ', 'VFP'),
　　　　　(' 龚理 ', 'C 语言 '),
　　　　　(' 龚理 ', 'VFP')],
　　　　names=[' 姓名 ', ' 课程 '], length=2425)

这个输出结果显示，这是一个两级索引，第一级名为"姓名"，第二级名为"课程"，每一个索引值是一个由姓名和学科组成的二元组。

④：为了便于处理，将上一步得到的序列转换为数据框，序列的值变成数据框的列，列名默认为"0"，结果见表 5-1-17。

表 5-1-17　序列转换成的数据框

姓名	课程	0
万皓淞	幼儿心理学	47.0
	幼儿教育学	62.0
	教育专业理论	152.0
严晟	幼儿心理学	44.0
	幼儿教育学	62.0
	…	
龚居	VFP	71.0
龚春	C 语言	78.0
	VFP	63.0
龚理	C 语言	59.0
	VFP	72.0

⑤：将数据框的列命名为"成绩"，此时，上表的列名"0"就变成了"成绩"，见表 5-1-18。注意，即使只有一列，赋给数据框属性 columns 的值也只能是列表。

表 5-1-18　为列命名为"成绩"后结果

姓名	课程	成绩
万皓淞	幼儿心理学	47.0
	幼儿教育学	62.0
	教育专业理论	152.0
严晟	幼儿心理学	44.0
	幼儿教育学	62.0
…	…	…
龚居	VFP	71.0
龚春	C 语言	78.0
	VFP	63.0
龚理	C 语言	59.0
	VFP	72.0

⑥：根据输入的姓名查询成绩。因为此时数据框有姓名和学科两级索引，相当于对数据以姓名和学科进行了分组，所以可以根据一级索引的索引值即姓名，快速找到该索引值对应的所有数据，于是就查询到了这个学生的成绩。查询到的成绩表也是一个数据框。

【优化提升】

stack( ) 方法的作用是对行索引进行收折操作，pandas 模块还提供了 melt( ) 函数，可以对数据列进行收折操作。使用 melt( ) 函数完成同样操作的程序如下：

```
import pandas as pd
grade=pd.read_excel(r"D:\pydata\ 项目五 \ 专业课成绩表 .xlsx")
grade.drop(columns=[' 考号 ',' 年级 ',' 专业 ',' 班级 '],inplace=True)
grade=grade.melt(id_vars=[' 姓名 '],value_vars=[' 幼儿心理学 ',' 幼儿教育学 ',
        ' 教育专业理论 ',' 旅游概论 ',' 发动机 ',' 汽车专业理论 ',' 单片机原理 ',
        ' 电子技术专业理论 ',' 电子测量 ',' 电工基础 ',' 电工电子理论 ',' 客房 ',
        ' 餐饮 ','C 语言 ','VFP',' 网络 ',' 计算机专业理论 ',' 会计专业理论 ',
        ' 机械制图 '],var_name=' 课程 ',value_name=' 成绩 ')
grade.dropna(inplace=True)
name=input( )
grade.query(' 姓名 ==@name and 成绩 .notnull( )',engine='python')
```

程序输出结果见表 5-1-19。

表 5-1-19　使用 pandas.melt( ) 函数改变表结构后的查询结果

姓名	课程	成绩
龚理	C 语言	59.0
龚理	VFP	72.0

此处使用的是 pandas 模块提供的 melt( ) 函数，也可以直接调用数据框的 melt( ) 方法。使用 melt( ) 不需要提前设置数据框的索引，所以代码相对简单，但是使用索引进行查询，速度会快一些。melt( ) 函数的第一个参数是要操作的数据框，这里是成绩表数据框 grade。第二个参数 id_vars 是要作为行索引使用的列，第三个参数 value_vars 是要作为值使用的列，也就是即将被旋转的列，如果不写这个参数，将使用 id_vars 之外的所有列作为 value_vars，本例中缺省 value_vars 参数可以达到相同效果。var_name 是 value_vars 旋转变成列之后的列名称，value_name 是值所在列的名称。

【技术全貌】

收折数据框的函数和方法见表 5-1-20。

改变数据框的结构

表 5-1-20　收折数据框的函数和方法

语法	解释
DataFrame.stack(level=-1, dropna=True)	旋转指定级别的列索引，"旋转"是将列索引转换为行索引，就是将"横"着的索引转换为"竖"着的索引。 参数： level: int、str 或它们的 list，默认值为 -1(最后一层) 表示 stack 的索引级别，也可以使用级别名称，还可以使用索引列表操作多个索引。 dropna: bool，表示是否删除在收折过程中产生的空值，默认为 True，即要删除。 返回值：Series 或 DataFrame

语法	解释
DataFrame.melt(id_vars=None, value_vars=None, var_name=None, value_name='value',col_level=None, ignore_index=True) 或 pandas.melt(frame, id_vars=None, value_vars=None, var_name=None, value_name='value', col_level=None, ignore_index=True)	将指定的列收折到行。 参数： id_vars: tuple、list 或 ndarray，可选，作为行索引使用的列的列表。 value_vars: tuple、list 或 ndarray，可选，指定用于收折的列的列表。如果没有说明，用所有未设置为 id_vars 的列作为收折的列。 var_name: 标量值，被收折的列的名称。如果为空由系统指定名称。 value_name: 标量值，默认值为 value，用于标识值所在列的名称。 col_level: int 或 str，可选，如果列是一个多级索引，则用此参数指定要收折的列的级别。 ignore_index: bool，默认值为 True。如果为 True，原有的索引将被忽略，反之保留原有索引。如果有必要，索引值将会重复显示。 返回值：DataFrame

一展身手

现在要求对全校各专业学生分班计算各专业课的平均分。因为各专业的专业课程不同，所以必须要先改变各专业的成绩表的结构，将列收折到行，然后合并成一个表，再进行分组统计，按班和课程分组后计算平均分。原始数据仍然从文件"专业课成绩表 .xlsx"中读取，请分别用 stack( ) 方法和 melt( ) 方法实现以上操作，结果见表 5-1-21。

表 5-1-21　分班统计各专业课平均成绩

班级	课程	成绩
2019 级学前教育（保育员方向）1 班	幼儿心理学	48.473 684
	幼儿教育学	56.105 263
	教育专业理论	154.157 895
2019 级学前教育（保育员方向）2 班	幼儿心理学	40.744 898
	幼儿教育学	48.979 592
...	...	...
2020 级计算机应用 1 班	VFP	75.702 128
2020 级计算机应用 2 班	C 语言	57.600 000
	VFP	57.755 556
2020 级计算机应用 3 班	C 语言	48.354 167
	VFP	35.229 167

任务二　创建数据透视表和交叉表

在分析数据的时候常常需要从多个角度来统计，如分析学生成绩的时候，既要比较一个班内的各种数据，又要比较各个班的某一项指标，这个时候就要用到数据透视表。pandas 提供了 pivot_table( ) 函数和 crosstab( ) 函数用于创建数据透视表和交叉表，可以方便地从多个角度展示数据特征。

活动一　按班级分析成绩结构

【问题描述】

教师为了掌握学生的学习情况，需要对学生成绩的结构进行分析，查看各分数段的学生人数占比，这是教学质量分析中常用的操作。日常的成绩表见表 5-2-1。

表 5-2-1　学生专业课成绩表

姓名	C 语言（70 分）	数据结构（70 分）	算法分析（60 分）
邱俊松	67	53	53
胡艳	67	54	52
孔航	67	52	54
黄莉	64	55	53
古瑞	61	60	50
…	…	…	…
卿成	16	5	13
欧金霞	10	6	17
晏丽	7	9	17
肖权利	8	5	12
齐云瑞	0	0	0

请编写程序读取原始成绩表输出展示各学科优分率、及格率和平均分的成绩结构分析表。

● 输出结果：

输出结果见表 5-2-2。

表 5-2-2　成绩结构分析表

	C 语言（70 分）			数据结构（70 分）			算法分析（60 分）		
	优分率	及格率	平均分	优分率	及格率	平均分	优分率	及格率	平均分
班级									
2019 级计算机 1 班	42%	65%	47	0%	20%	26	12%	42%	32
2019 级计算机 2 班	59%	80%	55	2%	57%	42	20%	72%	40

续表

班级	C 语言 (70 分)			数据结构 (70 分)			算法分析 (60 分)		
	优分率	及格率	平均分	优分率	及格率	平均分	优分率	及格率	平均分
2019 级计算机 3 班	19%	71%	44	7%	29%	35	0%	40%	31
2019 级计算机 4 班	28%	72%	48	0%	5%	28	2%	35%	33

【题前思考】

根据问题描述，填写表 5-2-3。

表 5-2-3 问题分析

问题描述	问题解答
结果表中是否有分组？按哪一列分组的	
对哪些列进行了统计分析	
采用了哪些方法对数据列进行了汇总操作	

【操作提示】

在 pandas 中创建数据透视表的工具是 pandas.pivot_table( ) 函数。pivot_table( ) 函数能对数据进行分组，然后从多个角度对指定的列进行统计分析，还能自动计算出汇总列。从题目的要求来看，需要根据班级对学生分组，分组之后对"C 语言 (70 分)""数据结构 (70 分)"和"算法分析 (60 分)"3 列分别采用求百分比和平均值的方法进行汇总得到最后的结果。

【程序代码】

```
import pandas as pd
import numpy as np
grade=pd.read_excel(r"D:\pydata\ 项目五 \ 计算机专业成绩 .xlsx")
grade=grade.loc[: ,[' 姓名 ',' 班级 ','C 语言 (70 分 )',' 数据结构 (70 分 )';' 算法分析 (60 分 )']]
grade=pd.pivot_table(
grade,                                                                    ①
index=[' 班级 '],                                                          ②
values=['C 语言 (70 分 )',' 数据结构 (70 分 )',' 算法分析 (60 分 )'],           ③
aggfunc={'C 语言 (70 分 )':[lambda s:s[s>=56].shape[0]/s.shape[0],lambda s:s[s>=42].
shape[0]/s.shape[0],np.mean],
' 数据结构 (70 分 )':[lambda s:s[s>=56].shape[0]/s.shape[0],lambda s:s[s>=42].
shape[0]/s.shape[0],np.mean],
' 算法分析 (60 分 )':[lambda s:s[s>=48].shape[0]/s.shape[0],lambda s:s[s>=36].
shape[0]/s.shape[0],np.mean]})                                            ④
grade.rename({'<lambda_0>':' 优分率 ','<lambda_1>':' 及格率 ','mean':' 平均分 '},axis=
1,inplace=True)                                                           ⑤
```

```
grade.loc[:,(slice(None),[' 优分率 ',' 及格率 '])]=grade.loc[:,
(slice(None),[' 优分率 ',' 及格率 '])].apply(lambda s:s.map(lambda x:format(x,".0%")),axis=1) ⑥
grade.loc[:,(slice(None),[' 平均分 '])]=grade.loc[:,(slice(None),[' 平均分 '])].apply(lambda s:
s.map(lambda x:f'{x:.0f}') ,axis=1)                                                      ⑦
print(grade)
```

【代码分析】

①：调用 pandas.pivot_table( ) 函数制作数据透视表，注意这一个函数并不是数据框的方法。函数的第一个参数就是制作数据透视表的原始数据，此处是成绩数据框 grade。

②：pivot_table( ) 函数关键字参数 index 表示行索引，指出统计之前的分组依据。本例要统计各班的成绩结构，所以就以班级为行索引，先对学生成绩按班级分组，然后再对各分组的学生成绩进行汇总统计。索引可以是一列，也可以是多列。多列要用中括号括起来构成一个列表；如果只有一列，可以加中括号也可以不加。

③：pivot_table( ) 函数关键字参数 values 表示要汇总的值，要求对 3 门学科进行汇总统计，所以值就是"C 语言 (70 分)""数据结构 (70 分)"和"算法分析 (60 分)"这 3 列数据。值可以是一列，也可以是多列。如果是多列，必须用中括号括起来；如果是一列，可以加中括号也可以不加。

④：pivot_table( ) 函数关键字参数 aggfunc 表示汇总函数，也就是对各列进行汇总操作。因为各科成绩的总分不一样，所以计算优分和及格分的表达式不一样，于是用字典表示对不同的列采用不同的汇总方法。

以 C 语言为例说明字典中各项的含义。在 'C 语言 (70 分)':[lambda s:s[s>=56].shape[0]/s.shape[0],lambda s:s[s>=42].shape[0]/s.shape[0],np.mean] 中，键表示列名，值表示要进行的汇总操作。因为要对一列进行多个操作，所以将各操作写在一个列表中。操作用函数来表示，此处为 lambda 函数。函数的参数就是要统计的列，返回值就是这一列的统计结果。lambda s:s[s>=56].shape[0]/s.shape[0] 表示超过 56 分（总分 70 分的 80% 表示优分）的人数占比。参数 s 表示正在统计的这一列，其类型为序列，此处是 C 语言成绩序列，内容如下：

```
0      67
1      67
2      67
3      64
4      61
       ...
163    16
164    10
165     7
166     8
167     0
Name: C 语言 (70 分 ), Length: 168, dtype: int64
```

s[s>=56] 表示成绩大于等于 56 的成绩构成的序列，内容如下：

0	67
1	67
2	67
3	64
4	61
...	
98	57
101	57
106	64
110	59
116	59

Name: C 语言 (70 分), Length: 63, dtype: int64

序列的 shape 属性表示序列的结构也就是行列数，shape[0] 表示一维的长度，对序列来说就是项的个数，结合这个表的具体数据来说，s[s>=56].shape[0] 表示 56 分及以上的学生人数，s.shape[0] 表示总人数，两个数相除就是优分率。lambda s:s[s>=42].shape[0]/s.shape[0] 用于计算及格率，np.mean 是 numpy 模块中求平均值的函数。经过这条语句的计算，得到的结果见表 5-2-4。

表 5-2-4 pivot_table( ) 函数的执行结果

	C 语言 (70 分)			数据结构 (70 分)			算法分析 (60 分)		
班级	\<lamb da_0>	\<lamb da_1>	mean	\<lamb da_0>	\<lamb da_1>	mean	\<lamb da_0>	\<lamb da_1>	mean
2019 级 计算机 1 班	0.425 0 00	0.650 0 00	46.925 0 00	0.000 0 00	0.200 0 00	26.000 0 00	0.125 0 00	0.425 0 00	32.400 0 00
2019 级 计算机 2 班	0.586 9 57	0.804 3 48	54.869 5 65	0.021 7 39	0.565 2 17	42.413 0 43	0.195 6 52	0.717 3 91	40.065 2 17
2019 级 计算机 3 班	0.190 4 76	0.714 2 86	44.142 8 57	0.071 4 29	0.285 7 14	35.404 7 62	0.000 0 00	0.404 7 62	30.857 1 43
2019 级 计算机 4 班	0.275 0 00	0.725 0 00	47.625 0 00	0.000 0 00	0.050 0 00	27.700 0 00	0.025 0 00	0.350 0 00	33.075 0 00

⑤：将列名改为可读性好的名称。数据框的 rename( ) 方法用于修改索引名称。第一个参数是表示新旧索引名称对应关系的字典，其中键表示旧的索引名称，值是新名称。当关键字参数 axis=1 时表示修改列索引标签即列名称，当 axis=0 时表示修改行索引标签。关键字参数 inplace=True 表示用计算结果替换原数据框的值，否则仅返回计算结果不修改原数据框的值。修改列名之后的数据框见表 5-2-5。

表 5-2-5　修改列名之后的数据框

	C 语言 (70 分)			数据结构 (70 分)			算法分析 (60 分)		
	优分率	及格率	平均分	优分率	及格率	平均分	优分率	及格率	平均分
班级									
2019 级计算机 1 班	0.425 0 00	0.650 0 00	46.925 0 00	0.000 0 00	0.200 0 00	26.000 0 00	0.125 0 00	0.425 0 00	32.400 0 00
2019 级计算机 2 班	0.586 9 57	0.804 3 48	54.869 5 65	0.021 7 39	0.565 2 17	42.413 0 43	0.195 6 52	0.717 3 91	40.065 2 17
2019 级计算机 3 班	0.190 4 76	0.714 2 86	44.142 8 57	0.071 4 29	0.285 7 14	35.404 7 62	0.000 0 00	0.404 7 62	30.857 1 43
2019 级计算机 4 班	0.275 0 00	0.725 0 00	47.625 0 00	0.000 0 00	0.050 0 00	27.700 0 00	0.025 0 00	0.350 0 00	33.075 0 00

⑥：将优分率和及格率两列数据改为百分比格式。(slice(None), [' 优分率 ', ' 及格率 ']) 表示每个学科的优分率和及格率。因为列索引是两级索引，所以每个索引是一个二元组，用语句 print(grade.columns) 可以显示的列索引如下：

MultiIndex([('C 语言 (70 分)', ' 优分率 '),

　　　　('C 语言 (70 分)', ' 及格率 '),

　　　　('C 语言 (70 分)', ' 平均分 '),

　　　　(' 数据结构 (70 分)', ' 优分率 '),

　　　　(' 数据结构 (70 分)', ' 及格率 '),

　　　　(' 数据结构 (70 分)', ' 平均分 '),

　　　　(' 算法分析 (60 分)', ' 优分率 '),

　　　　(' 算法分析 (60 分)', ' 及格率 '),

　　　　(' 算法分析 (60 分)', ' 平均分 ')],

　　　　)

二元组 (slice(None), [' 优分率 ', ' 及格率 ']) 中的第一个元素 slice(None) 表示第一级索引的所有值，即所有课程，第二个元素表示第二级索引中的优分率和及格率，整个二元组就表示所有课程的优分率和及格率。用数据框的 loc 属性取得优分率和及格率的数据之后，使用 apply( ) 方法对每一列应用序列的 map( ) 方法将每一个值转换为百分比字符串。apply( ) 方法的第一个参数是一个函数，apply( ) 的参数 axis=1 时，表示依次将数据框的每一列作为参数传递给第一个参数指向的函数，axis=0 时依次将数据框的每一行作为参数传递给第一个参数指向的函数。此处 axis=1，函数为 lambda 函数 lambda s:s.map(lambda x:f'{x:.0%}')，表示将数据框的每一列（一个序列）作为参数传递给这个 lambda 函数，也就是说参数 s 代表了数据框的每一列。s.map(lambda x:f'{x:.0%}') 表示对序列 s 中的每一个项执行其中的 lambda 函数 lambda x:f'{x:.0%}'，返回每个值的百分比，保留 0 位小数。计算结果见表 5-2-6。

表 5-2-6　设置百分比之后的数据框

	C 语言 (70 分)			数据结构 (70 分)			算法分析 (60 分)		
班级	优分率	及格率	平均分	优分率	及格率	平均分	优分率	及格率	平均分
2019 级计算机 1 班	42%	65%	46.925 000	0%	20%	26.000 000	12%	42%	32.400 000
2019 级计算机 2 班	59%	80%	54.869 565	2%	57%	42.413 043	20%	72%	40.065 217
2019 级计算机 3 班	19%	71%	44.142 857	7%	29%	35.404 762	0%	40%	30.857 143
2019 级计算机 4 班	28%	72%	47.625 000	0%	5%	27.700 000	2%	35%	33.075 000

⑦：将平均分转换为含有 0 位小数的字符串，最后的结果见表 5-2-7。

表 5-2-7　将平均分小数位数设为 0 之后的结果

	C 语言 (70 分)			数据结构 (70 分)			算法分析 (60 分)		
班级	优分率	及格率	平均分	优分率	及格率	平均分	优分率	及格率	平均分
2019 级计算机 1 班	42%	65%	47	0%	20%	26	12%	42%	32
2019 级计算机 2 班	59%	80%	55	2%	57%	42	20%	72%	40
2019 级计算机 3 班	19%	71%	44	7%	29%	35	0%	40%	31
2019 级计算机 4 班	28%	72%	48	0%	5%	28	2%	35%	33

【技术全貌】

pivot_table( ) 是一个功能非常强大的函数，可以用它来制作各种数据透视表。下面用几个实例来补充示例中未用到的功能。

例如，有如下数据：

```
import datetime
import numpy as np
import pandas as pd
df = pd.DataFrame(
    {
    "A": ["one", "one", "two", "three"] * 6,
    "B": ["A", "B", "C"] * 8,
    "C": ["foo", "foo", "foo", "bar", "bar", "bar"] * 4,
    "D": np.random.randn(24),
    "E": np.random.randn(24),
    "F": [datetime.datetime(2013, i, 1) for i in range(1, 13)]
```

制作数据透视

+ [datetime.datetime(2013, i, 15) for i in range(1, 13)], }

)

语句产生的数据框见表 5-2-8。

表 5-2-8   原始数据框

	A	B	C	D	E	F
0	one	A	foo	−1.678 138	2.079 426	2013-01-01
1	one	B	foo	0.755 379	0.711 934	2013-02-01
2	two	C	foo	0.095 387	−1.027 919	2013-03-01
3	three	A	bar	−0.996 102	−0.532 611	2013-04-01
4	one	B	bar	−0.624 953	−0.871 437	2013-05-01
5	one	C	bar	0.079 559	−0.528 923	2013-06-01
6	two	A	foo	2.247 395	0.114 733	2013-07-01
7	three	B	foo	0.739 217	0.854 434	2013-08-01
8	one	C	foo	−0.438 609	−0.358 775	2013-09-01
9	one	A	bar	0.036 564	−1.693 970	2013-10-01
10	two	B	bar	0.202 786	−1.382 580	2013-11-01
11	three	C	bar	−0.736 898	1.056 257	2013-12-01
12	one	A	foo	−1.497 862	0.345 698	2013-01-15
13	one	B	foo	−0.525 454	1.417 740	2013-02-15
14	two	C	foo	1.054 781	0.274 912	2013-03-15
15	three	A	bar	0.227 420	−0.811 373	2013-04-15
16	one	B	bar	2.867 960	−0.158 994	2013-05-15
17	one	C	bar	0.148 088	0.568 409	2013-06-15
18	two	A	foo	0.097 007	−1.572 424	2013-07-15
19	three	B	foo	0.603 603	2.189 751	2013-08-15
20	one	C	foo	1.204 944	−0.476 957	2013-09-15
21	one	A	bar	−0.648 141	−0.297 871	2013-10-15
22	two	B	bar	−1.250 227	−1.130 457	2013-11-15
23	three	C	bar	0.503 130	0.042 506	2013-12-15

1. 使用 columns 参数按列进行分组

语句 pd.pivot_table(df, values="D", index=["A", "B"], columns=["C"]) 的执行结果见表 5-2-9。

表 5-2-9　使用 columns 参数后的数据框

A	B	C	bar	foo
		A	−0.305 788	−1.588 000
one	B		1.121 503	0.114 963
	C		0.113 823	0.383 167
	A		−0.384 341	NaN
three	B		NaN	0.671 410
	C		−0.116 884	NaN
	A		NaN	1.172 201
two	B		−0.523 720	NaN
	C		NaN	0.575 084

　　pivot_table( ) 函数的执行过程是先以 A、B、C 列为依据分组，对 D 列取平均值，再将 C 列展开，用 pandas 的其他方法来表达，就是 df.groupby(['A','B','C'])['D'].agg('mean').unstack( )。

　　接下来以表 5-2-9 第一行第一列的值 −0.305 788 为例，解释它的来历。注意表 5-2-8 原始数据框中加边框的数据，A 列的值为 ONE，B 列的值为 A，C 列的值为 bar，A、B 两列的值恰好就是表 5-2-9 中多级索引的值，C 列的值是表 5-2-9 的第一个列名。表 5-2-9 中的 −0.305 788 就是表 5-2-8 中的 0.036 564 和 −0.648 141 的平均值。

2. 同时使用 index 和 columns 后再使用 aggfunc

　　语句 pd.pivot_table(df, values="D", index=["B"], columns=["A", "C"], aggfunc=np.sum) 的执行结果见表 5-2-10。

表 5-2-10　使用 aggfunc 参数后的数据框

A	one		three		two	
C	bar	foo	bar	foo	bar	foo
B						
A	−0.611 577	−3.176 000	−0.768 682	NaN	NaN	2.344 402
B	2.243 007	0.229 926	NaN	1.34 282	−1.04 744	NaN
C	0.227 647	0.766 334	−0.233 768	NaN	NaN	1.150 168

　　该函数的执行过程是先以列 B、A、C 为依据对 D 列数据进行分组求和，再依次展开 A 列和 C 列，用等效语句表述如下：

df.groupby(["B","A", "C"])['D'].agg(np.sum).sort_index(level=[−2,−1]).unstack([−2,−1])

使用 sort_index( ) 方法对索引 A 和 C 排序主要是为了得到与透视表相同的顺序。

3. 使用 margins 添加汇总列

语句 df.pivot_table(index=["A", "B"], columns="C", margins=True, aggfunc=np.sum) 的执行结果见表 5-2-11。

表 5-2-11　将 margins 参数设为 True 后的数据框

				D			E
	C	bar	foo	All	bar	foo	All
A	B						
one	A	-0.611 577	-3.176 000	-3.787 577	-1.991 841	2.425 124	0.433 283
	B	2.243 007	0.229 926	2.472 932	-1.030 430	2.129 674	1.099 244
	C	0.227 647	0.766 334	0.993 981	0.039 487	-0.835 731	-0.796 244
three	A	-0.768 682	NaN	-0.768 682	-1.343 984	NaN	-1.343 984
	B	NaN	1.342 820	1.342 820	NaN	3.044 186	3.044 186
	C	-0.233 768	NaN	-0.233 768	1.098 763	NaN	1.098 763
two	A	NaN	2.344 402	2.344 402	NaN	-1.457 691	-1.457 691
	B	-1.047 440	NaN	-1.047 440	-2.513 036	NaN	-2.513 036
	C	NaN	1.150 168	1.150 168	NaN	-0.753 007	-0.753 007
All		-0.190 812	2.657 649	2.466 837	-5.741 042	4.552 555	-1.188 487

汇总列使用指定的 aggfunc 对各个分类进行汇总，此处使用 np.sum 对各个分组进行求和，最后一行的 All 中对每一列用 aggfunc 汇总。

一展身手

对表 5-2-8 所示的数据框运用 pivot_table( ) 方法、unstack( ) 方法和 pivot( ) 方法得到表 5-2-12 所示的结果，所用的汇总方法为平均。

表 5-2-12　数据透视表

				D					E
	B	A	B	C	All	A	B	C	All
C	A								
bar	one	-0.305 79	1.121 503	0.113 823	0.309 846	-0.995 92	-0.515 22	0.019 743	-0.497 13
	three	-0.384 34	NaN	-0.116 88	-0.250 61	-0.671 99	NaN	0.549 382	-0.061 31
	two	NaN	-0.523 72	NaN	-0.523 72	NaN	-1.256 52	NaN	-1.256 52
foo	one	-1.588	0.114 963	0.383 167	-0.363 29	1.212 562	1.064 837	-0.417 87	0.619 844
	three	NaN	0.671 41	NaN	0.671 41	NaN	1.522 093	NaN	1.522 093
	two	1.172 201	NaN	0.575 084	0.873 642	-0.728 85	NaN	-0.376 5	-0.552 67
All		-0.276 48	0.346 039	0.238 798	0.102 785	-0.296 05	0.203 799	-0.056 31	-0.049 52

活动二 统计各地区不同风格的电影数量

微课

【问题描述】

电影信息表见表 5-2-13。

表 5-2-13　电影信息表

电影名称	导演	编剧	主演	类型	制片国家/地区	语言
比得兔	威尔·古勒	威尔·古勒/罗伯·列博/碧翠丝·波特	詹姆斯·柯登/多姆纳尔·格里森/萝丝·拜恩/…	喜剧/动画/冒险	美国/英国/澳大利亚	英语
龙门飞甲	徐克	徐克/何冀平/朱雅欐	李连杰/周迅/陈坤/李宇春/…	剧情/动作/武侠/古装	中国大陆/中国香港	汉语普通话
移动迷宫2	韦斯·鲍尔	T·S·诺林/詹姆斯·达什纳	迪伦·奥布莱恩/卡雅·斯考达里奥/托马斯·布罗迪-桑斯特/…	动作/科幻/冒险	美国	英语
无极	陈凯歌	陈凯歌/张炭	张东健/张柏芝/真田广之/谢霆锋/…	剧情/动作/奇幻	中国大陆/中国香港/日本/韩国	汉语普通话
…	…	…	…	…	…	…
一步之遥	姜文	姜文/郭俊立/王朔/廖一梅/述平/阎云飞/孙悦/孙睿/于彦琳	姜文/葛优/周韵/舒淇/…	剧情/喜剧/动作	中国大陆/美国/中国香港	汉语普通话/英语/上海话/法语/日语/满语/越南语/拉丁语
功夫瑜伽	唐季礼	唐季礼	成龙/李治廷/张艺兴/索努·苏德/母其弥雅/…	喜剧/动作/冒险	中国大陆/印度	汉语普通话/英语/印地语/阿拉伯语
名侦探柯南：零的执行人	立川让	樱井武晴/青山刚昌	高山南/山崎和佳奈/小山力也/…	动画/悬疑	日本	日语

现在想要统计各地区各类型的电影各有多少部。请编写程序读取原始电影信息表，并输出电影类型统计表。

- **输出结果：**

输出结果见表 5-2-14。

表 5-2-14　电影类型统计表

类型	冒险	剧情	动作	动画	历史	古装	喜剧	…	科幻	脱口秀	运动	音乐
地区												
不丹	0	1	0	0	0	0	0	…	0	0	0	0
德国	0	1	0	0	0	0	0	…	0	0	0	0
中国大陆	3	27	15	1	1	4	7	…	0	0	0	0
…	…	…	…	…	…	…	…	…	…	…	…	…
马其顿	0	2	0	0	0	0	0	…	0	0	0	0
马来西亚	0	6	1	0	1	0	2	…	0	0	1	0
马耳他	1	1	2	0	1	0	0	…	1	0	0	0
黎巴嫩	0	4	0	0	0	0	0	…	0	0	0	0

【题前思考】

根据问题描述，填写表 5-2-15。

表 5-2-15　问题分析

问题描述	问题解答
结果表中的行索引来自哪一列	
结果表中的列索引来自哪一列	
如何将源表中的多个类型或地区分拆成单个类型和地区	

【操作提示】

从结果表来看，行索引来自"制片国家／地区"列，列索引来自"类型"列，这两列中的数据都是由／分隔的多个数据组成，需要进行分割。使用 Series.str.split( ) 方法以"／"为标志分割成列表，然后用 itertools. product( ) 函数对这两个列表求笛卡尔积，最后分别将地区和类型转换成序列求交叉表得到最后结果。

【程序代码】

```
import pandas as pd
from itertools import product
import re
blank=re.compile("r\s+")                                                          ①
m=pd.read_csv(r"D:\pydata\ 项目五 \movies.csv")
m["zone"]=m[" 制片国家／地区 "].str.replace(blank ,"",regex=True).str.split("/")     ②
m["genrus"]=m[" 类型 "].str.replace(blank ,"",regex=True).str.split("/")
m.dropna(subset=["zone","genrus"],axis=0,inplace=True)                            ③
m["res"]=m.apply(lambda s:list(product(s["zone"],s["genrus"])),axis=1)            ④
res=pd.DataFrame(sum(m["res"],[ ]),columns=[" 地区 "," 类型 "])                      ⑤
pd.crosstab(index=res[" 地区 "],columns=res[" 类型 "])                              ⑥
```

【代码分析】

①：定义匹配一到多个空字符的正则表达式。使用 re.compile() 函数是为了加快执行速度先进行编译。r'\s+' 表示一到多个空白字符，前面的 r 表示将 \ 解释为一个普通字符而不是转义字符。\s 表示一个空白字符，其后的 + 表示一到多个，两部分连起来 \s+ 就表示一到多个空白字符。

②：用 / 对地区和类型数据进行分割，作为分割结果的列表成为新列添加到数据框。先用 str.replace(blank,'',regex=True) 去掉数据中的空白字符，再用 str.split('/') 以 / 为标志分割成多个字符串构成的列表。最后将列表构成的序列分别以 "zone" 和 "genrus" 为名追加到数据框。"zone" 和 "genrus" 是地区和风格的意思。"zone" 列的值如下：

```
0              [ 美国，英国，澳大利亚 ]
1              [ 中国大陆，中国香港 ]
2              [ 美国 ]
3          [ 中国大陆，中国香港，日本，韩国 ]
4              [ 中国大陆 ]
                  ...
4587           [ 中国大陆 ]
4588           [ 中国大陆 ]
4589       [ 中国大陆，美国，中国香港 ]
4590           [ 中国大陆，印度 ]
4591           [ 日本 ]
Name: zone, Length: 4592, dtype: object
```

"genrus" 列的值如下：

```
0              [ 喜剧，动画，冒险 ]
1          [ 剧情，动作，武侠，古装 ]
2              [ 动作，科幻，冒险 ]
3              [ 剧情，动作，奇幻 ]
4              [ 喜剧，爱情 ]
                  ...
4587           [ 喜剧 ]
4588           [ 爱情 ]
4589       [ 剧情，喜剧，动作 ]
4590       [ 喜剧，动作，冒险 ]
4591           [ 动画，悬疑 ]
Name: genrus, Length: 4592, dtype: object
```

③：删除 "zone" 和 "genrus" 两列中有空值的行。

④：调用 itertools.product() 函数求每一行数据中 "zone" 和 "genrus" 列的笛卡尔积。以参数 axis=1 调用数据框的 apply() 方法，就是对数据框的每一行进行操作，将一行数据作

为一个序列传递给第一个参数指向的函数。第一个参数是一个 lambda 函数，它的参数就是 apply 方法传过来的以序列表示的每一行数据。因为 product() 函数返回的是一个可迭代对象，所以需要调用 list() 函数转换为列表才能进行后面的操作。最后得到的结果以"res"为名创建一个新列添加到数据框。"res"列的值如下：

```
0       [(美国，喜剧)，(美国，动画)，(美国，冒险)，(英国，喜剧)，(英国，…
1       [(中国大陆，剧情)，(中国大陆，动作)，(中国大陆，武侠)，(中国大陆，古装…
2                       [(美国，动作)，(美国，科幻)，(美国，冒险)]
3       [(中国大陆，剧情)，(中国大陆，动作)，(中国大陆，奇幻)，(中国香港，剧情…
4                          [(中国大陆，喜剧)，(中国大陆，爱情)]
                                      ...
4587                             [(中国大陆，喜剧)]
4588                             [(中国大陆，爱情)]
4589    [(中国大陆，剧情)，(中国大陆，喜剧)，(中国大陆，动作)，(美国，剧情)，…
4590    [(中国大陆，喜剧)，(中国大陆，动作)，(中国大陆，冒险)，(印度，喜剧)，…
4591                          [(日本，动画)，(日本，悬疑)]
Name: res, Length: 4578, dtype: object
```

⑤：用"res"列中的所有二元组构成一个二元组的列表，然后再用这个列表创建一个数据框。sum(m['res'],[]) 就是以空列表为初始值求序列 m['res'] 的累加和。对于数值型数据来说，sum() 函数是求和；而对列表来说，sum() 函数就是连接各列表。sum(m['res'],[]) 的结果如下：

```
[(' 美国 '，' 喜剧 ')，
(' 美国 '，' 动画 ')，
(' 美国 '，' 冒险 ')，
(' 英国 '，' 喜剧 ')，
(' 英国 '，' 动画 ')，
(' 英国 '，' 冒险 ')，
(' 澳大利亚 '，' 喜剧 ')…]
```

二元组就是数据框的一行，每一个二元组的第一个项就是第一列，第二个项就是第二列，列名分别为"地区"和"类型"。创建好的数据框见表 5-2-16。

表 5-2-16　电影的地区 - 类型表

地区	类型
美国	喜剧
美国	动画
美国	冒险
英国	喜剧
英国	动画
…	…
印度	喜剧

续表

地区	类型
印度	动作
印度	冒险
日本	动画
日本	悬疑

⑥：以地区为行索引 (index=res[' 地区 '])、类型为列索引 (columns=res[' 类型 ']) 创建交叉表。交叉表的创建过程与语句 res.assign(v=1).groupby([' 地区 ',' 类型 '])['v'].agg('count').unstack(fill_value=0) 等效。

• 首先调用方法 res.assign(v=1) 给表 5-2-17 增加一列，为了便于描述将新增列命名为 "v"，值为 1，效果见表 5-2-17。

表 5-2-17　在原数据框基础上追加一列

地区	类型	v
美国	喜剧	1
美国	动画	1
美国	冒险	1
英国	喜剧	1
英国	动画	1
…	…	…
印度	喜剧	1
印度	动作	1
印度	冒险	1
日本	动画	1
日本	悬疑	1

• groupby([' 地区 ',' 类型 '])['v'].agg('count') 根据 "地区" 和 "类型" 分组，对 v 值进行计数，结果为一个序列。

```
地区      类型
不丹      剧情    1
德国      剧情    1
                ...
马耳他    惊悚    1
          爱情    1
          科幻    1
黎巴嫩    剧情    4
Name: v, Length: 1041, dtype: int64
```

• unstack(fill_value=0) 展开"类型"列，得到最后结果。fill_value=0 表示所有空值用 0 替换。

【技术全貌】

制作交叉表

crosstab( )是一个功能非常强大的函数，下面举例说明它的各个参数的含义。

例如，有如下数据：

```
import numpy as np
import pandas as pd
df = pd.DataFrame(
{"A": [1, 2, 2, 2, 2], "B": [3, 3, 4, 4, 4], "C": [1, 1, np.nan, 1, 1]}
)
```

语句产生的数据框见表 5-2-18。

表 5-2-18　原始数据框

	A	B	C
0	1	3	1.0
1	2	3	1.0
2	2	4	NaN
3	2	4	1.0
4	2	4	1.0

执行语句 pd.crosstab(index=df["A"], columns=df["B"], values=df["C"], aggfunc=np.sum, normalize=True, margins=True) 后的结果见表 5-2-19。

表 5-2-19　执行 crosstab( ) 函数后的结果

B	3	4	All
A			
1	0.25	0.0	0.25
2	0.25	0.5	0.75
All	0.50	0.5	1.00

参数 index 表示行索引，columns 表示列索引，values 是要汇总的值，这 3 个参数是长度相同的序列或数组。参数 aggfunc 表示汇总方法，np.sum( ) 表示求和，参数 normalize=True 表示进行规范化，即对每一个数除以所有数的总和，使最后相加的结果总是为 1。参数 margins=True 表示添加汇总列，意义与 pivot_table( ) 函数中的 margins 参数相同。

如果不用 normalize 和 margins，则该语句的执行与语句 df.groupby(['A','B'])['C']. agg('sum').unstack(fill_value=0) 等效，即先按列"A"和"B"分组，再对"C"列求和，最后展开"C"列。

一展身手

　　仍然对电影信息表进行统计，创建交叉表查看在中国大陆上映的电影中各演员出演各类型的电影各有多少部。结果见表 5-2-20。

表 5-2-20　演员 – 类型交叉表

类型 主演	传记	儿童	冒险	剧情	动作	动画	历史	…	浪漫	灾难	爱情	科幻	西部	运动	音乐
一二先生	0	0	0	1	1	0	0	…	0	0	0	0	0	0	0
一城美由希	0	0	0	0	0	1	0	…	0	0	0	0	0	0	0
一戈	0	0	0	0	0	0	0	…	0	0	1	0	0	0	0
…	…	…	…	…	…	…	…	…	…	…	…	…	…	…	…
龚蓓苾	0	0	0	4	0	0	0	…	0	0	2	0	0	0	0
龚锐	0	0	0	0	0	0	0	…	0	0	1	0	0	0	0
龟井芳子	0	0	1	0	0	1	0	…	0	0	0	0	0	0	0

项目小结

　　在对数据进行处理的过程中，为了得到我们想要的结果，可能会改变数据框的结构，在本项目中我们学习了使用 pandas 改变数据框结构的方法。旋转数据列的操作包括展开和收折，能实现展开操作的是 unstack( ) 和 pivot( ) 方法，能实现收折操作的是 stack( ) 和 melt 方法。除了旋转操作外，pandas 还提供了制作数据透视表的方法 pivot_table( )，可以从不同维度对数据进行统计加工。此外，还有一个更简单的制作交叉表的方法 crosstab( )。我们要深入领会各种方法的作用，以便在处理数据的实际工作中灵活运用，得到想要的统计数据。

自我检测

一、选择题

1. pandas 中能够展开数据列的方法是（　　　）。

　　A. unstack( )　　　　　B. stack( )　　　　　C. melt( )　　　　　D. crosstab( )

2. 假设 df 是一个数据框，则语句 df.stack( ) 的作用是（　　　）。

　　A. 将第一级行索引变成列索引　　　　　B. 将最后一级行索引变成列索引

　　C. 将第一级列索引变成行索引　　　　　D. 将最后一级列索引变成行索引

3. 假设 df 为一个数据框，则语句 df.pivot(index=['a','b'],columns=['c','d'],values=['e','f']) 执行之后，下列说法错误的是（　　　）。

　　A. 结果的行索引有两级 a 和 b

　　B. 结果的列索引有两级 ['c','d'] 和 ['e','f']

　　C. 分别用"c"列和"d"列的值作为两级列索引标签

　　D. 将"c""d"两列数据旋转到了行

4. 关于 unstack() 方法，说法正确的是（　　　）。

　　A. unstack() 方法可以将列索引变成行索引

　　B. unstack() 方法的操作效果与 melt 类似

　　C. unstack() 方法必须对索引进行操作

　　D. unstack() 方法只能操作一级索引

5. pandas 中能收折数据的方法是（　　　）。

　　A. pivot()　　　　　　B. stack()　　　　　　C. unstack()　　　　　　D. crosstab()

二、填空题

1. pandas 中能收折数据列的方法有_____。

2. pandas 中能展开数据列的方法有_____。

3. 如果要修改列名，则 rename 函数的参数 axis 的值为_____。

4. unstack() 的参数默认值为_____。

5. pivot() 方法的参数 index 代表的是_____。

三、编写程序

学校开展技能大赛，每个班以一个 Excel 文件的形式上交了他们的报名表，各 Excel 文件以班级名称命名，放到文件夹"D:\pydata\ 项目五 \ 班级表"中。各文件的结构相同，第一行是表格名称，第二行是列标题，数据从第三行开始，内容见表 5-1-2。请完成以下数据分析。

（1）统计各参赛项目中，男女生人数在各年级的分布，即年级和性别出现在列索引，请分别用 unstatck() 方法和 pivot() 方法来实现。

（2）统计各年级中男女生人数在各项目中的分布，即参赛项目和性别出现在列索引，请分别用 unstatck() 方法和 pivot() 方法来实现。

（3）制作数据透视表，计算各班各项目的报名人数。

 项目评价

任务	标准	配分/分	得分/分
展开和收折数据列	能描述 unstack( ) 和 pivot( ) 方法的作用和各参数的含义	10	
	能描述 stack( ) 和 melt( ) 方法的作用和各参数的含义	10	
	能使用 unstack( ) 和 pivot( ) 方法按要求展开数据列	20	
	能使用 stack( ) 和 melt( ) 方法按要求收折数据列	20	
制作数据透视表和交叉表	能描述 pivot_table( ) 函数的作用和各参数的含义	10	
	能描述 crosstab( ) 函数的作用和各参数的含义	10	
	能使用 pivot_table( ) 函数制作数据透视表	10	
	能使用 crosstab( ) 函数制作交叉表	10	
总分		100	

 阅读有益

云端的 AI——百度智能云

百度智能云于 2015 年正式对外开放运营，是基于百度多年技术沉淀打造的智能云计算品牌，致力于为客户提供全球领先的人工智能、大数据和云计算服务。凭借先进的技术和丰富的解决方案，全面赋能各行业，加速产业智能化。百度智能云为金融、城市、医疗、客服与营销、能源、制造、电信、文娱、交通等众多领域的领军企业提供服务。

项目六　绘制图表

在现实生活中，阅读大量的数据是非常枯燥的工作，而数据图形化能够高效地展示数据包含的信息。通过数据图形化的方式来表达、管理和分析数据，从而向用户展示数据内部隐藏的信息，或系统地表达对数据的理解，有助于对数据进行科学的分析，能对准确决策起到至关重要的作用。pandas 不仅可以迅速地实现数据的预处理、清洗和统计分析，还能对数据进行图形化分析处理，高效便捷地展示数据信息。pandas 绘图功能是基于 matplotlib 实现的，但是使用 pandas 的绘图功能更加方便简单。

////// **项目目标** //////

知识目标：

能描述绘制单个图表的方法；

能描述绘制多个图表的方法及子图布局方法。

技能目标：

能使用 plot( ) 方法绘制单个图表或多个图表；

能够为图表添加说明性文字（如标题），为线条添加样式，为几何形状填充图案，设置坐标轴格式；

能在多图中绘制不同类型图像、对子图进行布局和制作嵌套图。

思政目标：

感受大数据技术中的视觉之美。

任务一　绘制单个图表

pandas 绘制单个图表指的是在整幅图像中只有一个坐标系统。本任务将通过绘制柱状图和折线图，介绍绘制单个图表的方法。

 活动一 **绘制各班专业课平均成绩柱状图**

【问题描述】

某学校期末考试学生的专业课成绩见表 6-1-1。

表 6-1-1　学生专业课成绩表

考号	姓名	性别	班级	C 语言（70 分）	数据结构（70 分）	算法分析（60 分）
2022020419	邱俊松	男	2019 级计算机 1 班	67	53	53
2022020437	胡艳	女	2019 级计算机 1 班	67	54	52
2022020760	孔航	女	2019 级计算机 2 班	67	52	54
2022020793	黄莉	女	2019 级计算机 2 班	64	55	53
2022020772	古瑞	男	2019 级计算机 2 班	61	60	50
…	…	…	…	…	…	…
2022020088	卿成	男	2019 级计算机 3 班	16	5	13
2022020092	欧金霞	女	2019 级计算机 3 班	10	6	17
2022020799	晏丽	女	2019 级计算机 2 班	7	9	17
2022020440	肖权利	男	2019 级计算机 1 班	8	5	12
2022020430	齐云瑞	男	2019 级计算机 1 班	0	0	0

现要求按班级统计各科目的平均分，并采用柱状图的形式展示结果。

● 输出结果：

输出结果如图 6-1-1 所示。

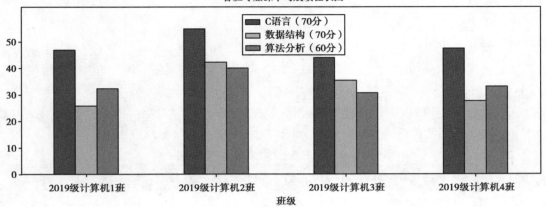

图 6-1-1 各班专业课平均成绩柱状图

备注：每组 3 个矩形条表示一个班的专业课平均成绩，从左往右第一个是 C 语言平均成绩，第二个是数据结构平均成绩，第三个是算法分析平均成绩。

【题前思考】

根据问题描述，填写表 6-1-2。

表 6-1-2　问题分析

问题描述	问题解答
怎样提取绘图用到的数据列	
怎样分班级求课程平均成绩	
结合输出结果，探讨什么是柱状图	

【操作提示】

通过 read_excel( ) 函数读取文件，自动存储为 DataFrame 对象；筛选出需要的数据列 "班级" "C 语言 (70 分)" "数据结构 (70 分)" "算法分析 (60 分)"；使用 groupby( ) 方法分组，之后调用 agg('mean') 统计分组均值。使用 plot( ) 或 plot.bar( ) 方法绘制柱状图，注意 plot( ) 方法需要将 kind 属性设置为 "bar"。

【程序代码】

```
import pandas as pd
from pylab import plt
plt.rcParams['font.sans-serif'] = ['SimHei']                                    ①
plt.rcParams['axes.unicode_minus'] = False                                      ②
grade=pd.read_excel(r"D:\pydata\项目六\计算机专业成绩.xlsx")                      ③
grade=grade.loc[:,[' 班级 ','C 语言 (70 分)',' 数据结构 (70 分)',' 算法分析 (60 分)']]   ④
res=grade.groupby(' 班级 ').agg('mean')                                          ⑤
res.plot(kind='bar',rot=0,title=' 各班专业课平均成绩柱状图 ',figsize=(16,9))        ⑥
plt.show( )                                                                      ⑦
```

【代码分析】

①：设置显示中文字体，否则中文显示乱码。

②：设置正常显示负号。①和②是固定写法，后文不再赘述。

③：调用 read_excel( ) 方法读取成绩文件，需要给定文件路径。读入的数据存储在变量 grade 中。grade 是一个数据框对象，内容见表 6-1-1。

④：筛选出数据框中所有行的 "班级" "C 语言 (70 分)" "数据结构 (70 分)" 和 "算法分析 (60 分)" 列，去掉与绘图无关的列。结果见表 6-1-3。

表 6-1-3　筛选出与绘图相关的数据列

班级	C 语言 (70 分)	数据结构 (70 分)	算法分析 (60 分)
2019 级计算机 1 班	67	53	53
2019 级计算机 1 班	67	54	52
2019 级计算机 2 班	67	52	54
2019 级计算机 2 班	64	55	53
2019 级计算机 2 班	61	60	50
…	…	…	…
2019 级计算机 3 班	16	5	13
2019 级计算机 3 班	10	6	17
2019 级计算机 2 班	7	9	17
2019 级计算机 1 班	8	5	12
2019 级计算机 1 班	0	0	0

⑤：对数据框按 "班级" 进行分组，得到分组对象，再调用 agg('mean') 方法计算分组均值。得到的结果是一个以 "班级" 为行索引的数据框对象 res，见表 6-1-4。

表 6-1-4　分组统计之后得到的数据框

	C 语言 (70 分)	数据结构 (70 分)	算法分析 (60 分)
班级			
2019 级计算机 1 班	46.925 000	26.000 000	32.400 000
2019 级计算机 2 班	54.869 565	42.413 043	40.065 217
2019 级计算机 3 班	44.142 857	35.404 762	30.857 143
2019 级计算机 4 班	47.625 000	27.700 000	33.075 000

⑥：调用 res.plot( ) 方法绘图。参数 kind="bar" 表示绘制柱状图；title 设置图像标题；figsize 设置图像大小，单位是英寸；rot 设置轴刻度标签（ticks）的旋转角度，0 为水平，90 为垂直；以行索引班级名称为横轴刻度标签（xticks），列索引为图例（legend）。默认按 "列" 绘图，先绘制第一列 C 语言，即在 4 个班的横坐标位置处各绘制一个表示 C 语言平均分的矩形条，用这个方法再依次绘制第二列数据结构和第三列算法分析的矩形条。请注意矩形条绘制的顺序与排列的顺序不同。绘制过程近似如图 6-1-2 所示。

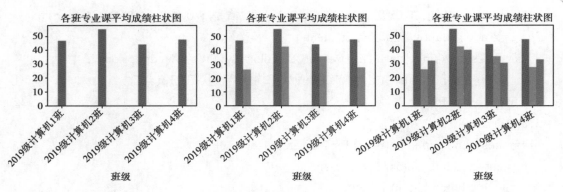

图 6-1-2 柱状图绘制过程示意图

图 6-1-3 展示了标题（title）、轴刻度标签（ticks）、图例（legend）、横轴标签（xlabel）和纵轴标签（ylabel）等对象在生成的图像中的位置，可以通过编程控制这些对象的显示内容和效果。轴刻度标签分为横轴刻度标签（xticks）和纵轴刻度标签（yticks），也就是横坐标和纵坐标，一般由行索引生成横坐标，纵坐标为数据框中的数值。rot 参数可以旋转 ticks 的角度，垂直柱状图旋转 xticks，水平柱状图旋转 yticks。图 6-1-3 中封闭的几何形状称为 patch，可以通过代码控制其填充样式和颜色。

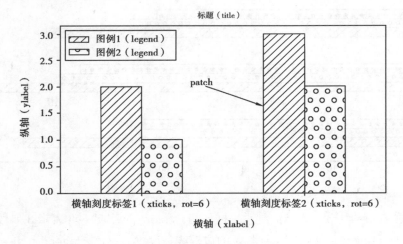

图 6-1-3 图像组成部分的详解

⑦：调用 plt.show() 方法显示绘制的图像，这是固定写法。

【优化提升】

前面我们绘制了垂直柱状图，pandas 还可以绘制水平柱状图。此外，pandas 默认使用不同颜色区分不同"列"，黑白印刷时对比度变差，可以用给柱状图填充图案来解决此问题。下面的代码表示绘制专业课平均成绩的水平柱状图，去掉彩色，填充图案，结果如图 6-1-4 所示。

```
import pandas as pd
from pylab import plt
plt.rcParams['font.sans-serif'] = ['SimHei'] # 步骤一（替换 sans-serif 字体）
plt.rcParams['axes.unicode_minus'] = False   # 步骤二（解决坐标轴负数的负号显示问题）
grade=pd.read_excel(r"D:\pydata\ 项目六 \ 计算机专业成绩 .xlsx")
```

```
grade=grade.loc[:,[' 班级 ','C 语言 (70 分 )',' 数据结构 (70 分 )',' 算法分析 (60 分 )']]
res=grade.groupby(' 班级 ').agg('mean')
axx = res.plot(kind='barh',figsize=(16,9),color=['w','w','w'],edgecolor='k',
        legend=False,title=' 各班专业课平均成绩柱状图 ',rot=65)                ①
bars = axx.patches                                                            ②
patterns =('\\','o','*')
hatches = [p for p in patterns for i in range(len(res))]                      ③
for bar, hatch in zip(bars, hatches):
    bar.set_hatch(hatch)                                                      ④
plt.legend(loc='best')                                                        ⑤
plt.show( )
```

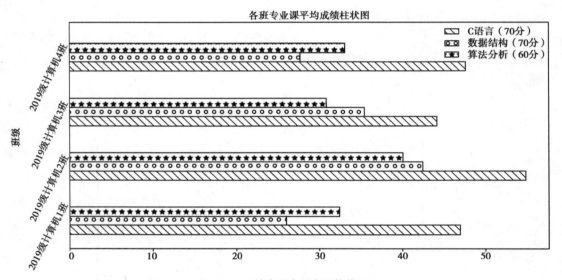

图 6-1-4　填充图案的水平柱状图

①：参数 kind='barh'，表示绘制水平柱状图；color=['w','w','w'] 表示 3 列数据的柱状条都填充为白色；edgecolor='k' 表示柱状条的边框线条设置为黑色；legend=False 表示不生成图例，因为此时生成的图例没有填充图案。

②：获取到柱状图中所有的几何形状 patches，即所有矩形条，其中 patch 的顺序和矩形条绘制顺序一致，即先绘制 4 个班 C 语言的矩形条，再绘制 4 个班数据结构的矩形条，最后绘制 4 个班算法分析的矩形条。注意矩形条绘制顺序与显示顺序不同。

③：使用二重循环生成填充图案列表 ['\\', '\\', '\\', '\\', 'o', 'o', 'o', 'o', '*', '*', '*', '*']，因为每列四行，需要绘制 4 个矩形条，填充样式需要保持一致，所以将每个填充样式扩展了 4 次。"\\" "o" "*" 分别表示填充反斜线、空心圆和星号。

④：在 for 循环中，调用 set_hatch( ) 方法给每一个 patch 设置填充样式。将 4 个班 C 语言对应的矩形条填充设置为反斜线，将 4 个班数据结构对应的矩形条填充设置为反斜线、空心圆，将 4 个班算法分析对应的矩形条填充设置为反斜线、星号。

⑤：生成图例（此时有填充图案），loc='best' 表示自动选择最佳位置显示图例。

【技术全貌】

在前面，我们学习了颜色符号"w""k"和填充样式"\\""o""*"；Python 还提供了其他的线型、颜色和标记符，表 6-1-5 和表 6-1-6 列出了所有的线条控制符及其说明。注意，填充样式只能取字符串"*+-./OX\ox|"中的一个，"/"表示正斜线填充，反斜线必须写成"\\"。

表 6-1-5　常用线型（Line Styles）和颜色（Colors）

线型	说明	颜色	说明	颜色	说明
'–'	实线（默认）	'b'	蓝色	'm'	洋红色
'––'	双画线	'g'	绿色	'y'	黄色
'–.'	点画线	'r'	红色	'k'	黑色
':'	虚线	'c'	青色	'w'	白色

表 6-1-6　常用标记符（Markers）

标记符	说明	标记符	说明	标记符	说明
'.'	实心圆	'3'	左 Y 形	'+'	加号
','	像素点	'4'	右 Y 形	'x'	叉形
'o'	空心圆	'8'	八边形	'X'	加粗叉形
'v'	下三角形	's'	正方形	'd'	菱形
'^'	上三角形	'p'	五边形	'D'	加粗菱形
'<'	左三角形	'P'	加粗十字	'|'	垂直线
'>'	右三角形	'*'	星形	'_'	水平线
'1'	正 Y 形	'h'	六边形 1		
'2'	倒 Y 形	'H'	六边形 2		

plot( ) 是 pandas 中最重要的绘图方法，Series 和 DataFrame 都可以调用此方法制作图像。表 6-1-7 列举了该方法的部分重要参数，更多的内容请参考官网文档。

表 6-1-7　plot( ) 方法详解

语法	解释
Series/ DataFrame. plot(*args,** kwargs)	功能：使用数据序列或数据框绘图。 常用参数： x：label 或 position、默认为 None，设置绘图横轴数据。 y：label、position 或 label 或 positions 构成的列表，默认为 None，设置绘图纵轴数据。 kind：str，设置图像类型，"line"表示折线图、"bar"表示垂直柱状图、"barh"表示水平柱状图、"hist"表示直方图、"box"表示箱线图、"kde"表示核密度估计图、"density"表示密度图、"area"表示面积图、"pie"表示饼图、"scatter"表示散点图（仅支持数据框）、"hexbin"表示蜂窝图（仅支持数据框）。 title：str 或 list，设置子图标题。 ax：matplotlib axes object，默认为 None，设置当前图像所在的坐标系统。 figsize：a tuple (width, height) in inches，设置当前图像的尺寸。 grid：bool，默认为 None，是否显示网格线。

续表

语法	解释
	legend：bool 或 {'reverse'}，是否显示图例。 style：list 或 dict，设置线条样式（线型、颜色和标记）。 xlim：2-tuple/list，设置 x 轴刻度范围。 ylim：2-tuple/list，设置 y 轴刻度范围。 xticks：sequence，设置 x 轴刻度标签。 yticks：sequence，设置 y 轴刻度标签。 xlabel：label、optional，设置 x 轴标签。 ylabel：label、optional，设置 y 轴标签。 rot：int，默认为 None，设置刻度标签旋转角度。 subplots：bool，默认为 False，是否绘制多图。 layout：tuple、optional，设置多图布局。 返回：matplotlib. axes. Axes（单图）或其数组（多图）

备注：任意一个绘图类型（kind）都有一个方法与之对应，格式为"plot. 类型（）"。例如，调用方法 DataFrame.plot(kind='bar') 和 DataFrame.plot.bar( ) 是等价的。

一展身手

学习成绩统计表见表 6-1-8，请统计 001 班每个学生的平均成绩，并绘制柱状图，如图 6-1-5 所示。

表 6-1-8　学生成绩统计表

姓名	班号	科目	成绩
小强	001	C	80
小强	001	Java	90
李四	001	Python	78
李四	001	C	90
小明	002	C	80
小明	002	Python	78

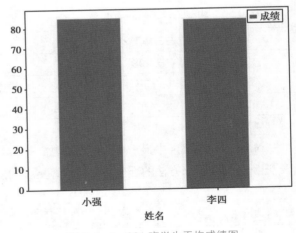

图 6-1-5　001 班学生平均成绩图

活动二　绘制股票收益率折线图

【问题描述】

现有部分公司的股票数据和上证指数数据，见表 6-1-9 和表 6-1-10。

表 6-1-9 股价数据表

date	代码	名称	开盘价	最高价	最低价	收盘价	交易量	交易额	收益率
2001-08-27	600 519	贵州茅台	-88.928 917	-88.213 066	-89.292 313	-88.701 248	40 631 800	1 410 347 136	0.000 000
2001-08-28	600 519	贵州茅台	-88.823 837	-88.383 820	-88.907 028	-88.414 467	12 964 700	463 463 136	0.036 850
…	…	…	…	…	…	…	…	…	…
2021-07-15	688 981	中芯国际	56.020 000	56.150 002	55.049 999	55.169 998	26 114 656	1 445 777 486	-0.014 821
2021-07-16	688 981	中芯国际	55.779 999	56.189 999	54.000 000	54.029 999	59 000 355	3 213 342 861	-0.020 663

表 6-1-10 上证指数表

date	open	high	low	close	volume
1990-12-19	96.050	99.980	95.790	99.980	126 000
1990-12-20	104.300	104.390	99.980	104.390	19 700
…	…	…	…	…	…
2021-07-15	3 519.063	3 565.935	3 514.258	3 564.590	36 325 916 400
2021-07-16	3 559.526	3 565.999	3 537.729	3 539.304	36 601 477 900

要求统计上证指数和各股票的收益率，并绘制折线图。

• 输出结果：

输出结果如图 6-1-6 所示。

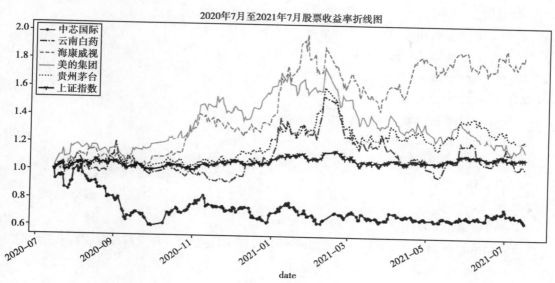

图 6-1-6 股票收益率折线图

【题前思考】

根据问题描述，填写表 6-1-11。

表 6-1-11　问题分析

问题描述	问题解答
怎样分组统计各股票的收益率	
怎样计算上证指数收益率	
怎样合并股票收益率和指数收益率	

【操作提示】

由问题描述可知，股票收益率为表 6-1-9 最后一列，只需要将其取出，并按照股票名称分组，每组构成数据框的一列，就可以方便地绘制其折线图。完成这些操作需要用到 groupby( )、concat( ) 方法。指数收益率需要通过收盘价（close 列）计算，计算公式为：（后一个值 − 前一个值）/ 前一个值。然后，合并指数收益率和股票收益率，并去掉含空值（NaN）的行。数据处理完后，就可以使用 plot( ) 方法绘图。

【程序代码】

```
import pandas as pd
from pylab import plt
plt.rcParams['font.sans-serif'] = ['SimHei']
plt.rcParams['axes.unicode_minus'] = False
stocks=pd.read_excel(r"D:\pydata\项目六\股价.xlsx",index_col=[0])          ①
index=pd.read_excel(r"D:\pydata\项目六\指数.xlsx",index_col=[0])          ②
groups=stocks.groupby('名称')                                             ③
names,dfs=[ ],[ ]
for g in groups:
    names.append(g[0])
    dfs.append(g[1]['收益率'])                                            ④
dfs=pd.concat(dfs,axis=1)                                                 ⑤
dfs.columns=names                                                        ⑥
index['收益率']=index['close'].pct_change( )                             ⑦
dfs['上证指数']=index.收益率                                              ⑧
dfs.dropna(inplace=True)                                                 ⑨
dfs.iloc[0]=0
dfs+=1
dfs=dfs.cumprod( )                                                       ⑩
dfs.plot(kind='line',figsize=(16,9),title='2020 年 7 月至 2021 年 7 月股票收益率折线图',
style=['m.-','r-.','c--','y-','b:','k-1'])                                ⑪
plt.show( )
```

【代码分析】

①：读取股票数据表到变量 stocks 中，并将第一列 "date" 作为行索引。

②：读取指数表到变量 index 中，同样将第一列 "date" 作为行索引。

③：使用"名称"列对数据框 stocks 分组，得到 groups 分组对象。

④：解析分组对象。g[0] 为组名，类型为 str；g[1] 为分组数据，类型为 DataFrame；g[1]['收益率'] 表示提取分组数据的"收益率"列，类型为 Series。通过 for 语句，将组名和收益率分别构成列表 names 和 dfs。names 的内容为 ['中芯国际', '云南白药', '海康威视', '美的集团', '贵州茅台']；dfs 为 Series 类型的列表，每一个 Series 对象包含一只股票的全部收益率数据。

⑤：将 dfs 按"列"方向拼接为一个数据框对象。

⑥：将 dfs 的列索引设置为股票名称，结果见表 6-1-12，date 是行索引。

表 6-1-12　股票收益率表

date	中芯国际	云南白药	海康威视	美的集团	贵州茅台
1993-12-15	NaN	0.000 000	NaN	NaN	NaN
1993-12-16	NaN	0.014 493	NaN	NaN	NaN
...	...	...	...	...	...
2021-07-15	-0.014 821	-0.011 265	0.018 492	-0.011 528	0.018 344
2021-07-16	-0.020 663	-0.014 501	-0.005 368	-0.020 655	-0.021 066

⑦：通过收盘值计算指数收益率，并保存为数据框 index 的"收益率"。

⑧：在数据框 dfs 中新建"上证指数"列，合并存储 index 的"收益率"，按照 dfs 的行索引合并，也就是时间相同的行合并。

⑨：去掉含有空值的行，结果见表 6-1-13。

表 6-1-13　合并收益率与去空值

date	中芯国际	云南白药	海康威视	美的集团	贵州茅台	上证指数
2020-07-16	0.000 000	-0.062 039	-0.034 416	-0.029 216	-0.079 046	-0.044 984
2020-07-17	-0.070 671	0.017 567	0.009 198	0.045 142	0.021 097	0.001 255
...	...	...	...	...	...	...
2021-07-15	-0.014 821	-0.011 265	0.018 492	-0.011 528	0.018 344	0.010 228
2021-07-16	-0.020 663	-0.014 501	-0.005 368	-0.020 655	-0.021 066	-0.007 094

⑩：用 cumprod() 方法计算累计收益率。cumprod() 方法计算序列的累乘积，结果数据是一个与原序列长度相同的序列。结果序列的第一个值与原序列相同，结果序列的第二个值是原序列前两个值的乘积，结果序列的第三个值是原序列前三个值的乘积，其他值以此类推。通过累乘积得到的是股票或指数的累计复合收益率。

⑪：用 plot() 方法绘图，默认使用行索引（时间）生成横坐标，横坐标标签为"date"。参数 kind='line' 表示绘制折线图，使用数据框的每一列绘制一条折线。style 设置线条样式，线条样式由颜色、线型和标记组成，可以不设置，也可以设置任意一种、两种或三种。style 是列表类型，符号意义见表 6-1-5 和表 6-1-6，第一个元素对应第一列数据曲线样式，第二个元素对应第二列数据曲线样式，以此类推。

【优化提升】

前面将 6 条曲线绘制在一个坐标系中，如果要将它们分开绘制，结果如图 6-1-7 所示。

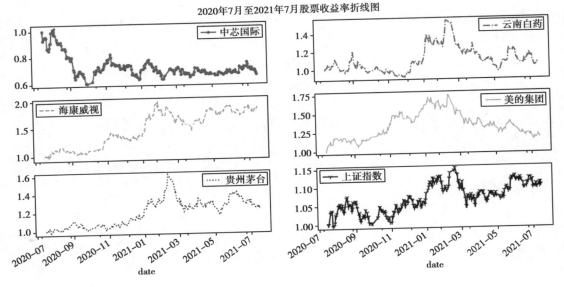

图 6-1-7　数据列独立绘制

只需要将⑪的代码修改为：

dfs.plot(kind='line', figsize=(16,8), title='2020 年 7 月至 2021 年 7 月股票收益率折线图',
　　　style=['m.-','r-.','c--','y-','b:','k-1'], subplots=True, layout=(3, 2))

参数 subplots=True 表示为每列制作单独的子图；参数 layout 设置子图布局。dfs 共有 6 列数据，对应 6 个子图，layout=(3, 2) 将子图布置为 3 行 2 列，得到如图 6-1-7 所示的多图，每个子图都有独立的坐标系统。

【技术全貌】

数据框的绘图方法

示例中⑪的代码可以换成下面的语句，绘图结果是一样的。

dfs.plot.line(figsize=(16,8), title='2020 年 7 月至 2021 年 7 月股票收益率折线图',
　　　style=['m.-','r-.','c--','y-','b:','k-1'])

DataFrame.plot.line() 还可以接收 color 参数，类型为列表或字典，可以使用颜色名字（如"red"）或 RGB 码（如 "#a98d19"）设置线条颜色。注意，设置了 color 参数，则 style 不能传颜色。在 pandas 的官网文档中，介绍 DataFrame.plot() 方法时，没有提及 color 参数，但是该方法也可以设置 color 参数。

类似的，pandas 中的其他类型图像也有相似方法，见表 6-1-14，更多内容参见官网文档。

表 6-1-14　其他绘图方法

语法	解释
Series/DataFrame.plot.area(x=None, y=None, **kwargs)	绘制表面积图，仅数据框 kind = 'area'
Series/DataFrame.plot.bar(x=None, y=None, **kwargs)	绘制垂直柱状图，等同于 kind = 'bar'
Series/DataFrame.plot.barh(x=None, y=None, **kwargs)	绘制水平柱状图，等同于 kind = 'barh'
Series/DataFrame.plot.box(by=None, **kwargs)	绘制箱线图，等同于 kind = 'box'

续表

语法	解释
Series/DataFrame.plot.density(bw_method=None, ind=None, **kwargs)	绘制密度图，等同于 kind = 'density'
Series/DataFrame.plot.hist(by=None, bins=10, **kwargs)	绘制直方图，等同于 kind = 'hist'
Series/DataFrame.plot.kde(bw_method=None, ind=None, **kwargs)	绘制核密度估计图，等同于 kind = 'kde'
Series/DataFrame.plot.line(x=None, y=None, **kwargs)	绘制折线图，等同于 kind = 'line'
Series/DataFrame.plot.pie(**kwargs)	绘制饼图，等同于 kind = 'pie'
DataFrame.plot.hexbin(x, y, C=None, reduce_C_function=None, gridsize=None, **kwargs)	绘制蜂窝图，等同于 kind = 'hexbin'，仅支持数据框
DataFrame.plot.scatter(x, y, s=None, c=None, **kwargs)	绘制散点图，等同于 kind = 'scatter'，仅支持数据框
DataFrame.boxplot(column=None, by=None, ax=None, fontsize=None, rot=0, grid=True, figsize=None, layout=None, return_type=None, backend=None, **kwargs)	绘制箱线图
DataFrame.hist(column=None, by=None, grid=True, xlabelsize=None, xrot=None, ylabelsize=None, yrot=None, ax=None, sharex=False, sharey=False, figsize=None, layout=None, bins=10, backend=None, legend=False, **kwargs)	绘制直方图
Series.hist(by=None, ax=None, grid=True, xlabelsize=None, xrot=None, ylabelsize=None, yrot=None, figsize=None, bins=10, backend=None, legend=False, **kwargs)	绘制直方图

一展身手

　　要求使用表6-1-9中的数据（股价.xlsx），创建一个DataFrame对象。使用折线图展示"云南白药"的收盘价，其中云南白药为 x 轴标签，收盘价为 y 轴标签，x 轴刻度标签是时间，结果如图 6-1-8 所示。

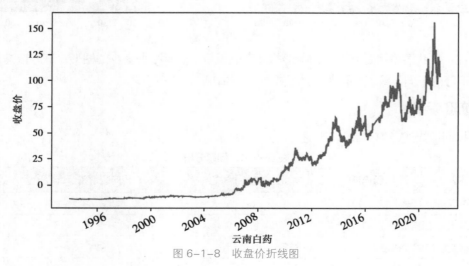

图 6-1-8　收盘价折线图

任务二　绘制多个图表

pandas 绘制多个图表指的是在一幅图像中绘制多个坐标系统，每个坐标系统构成一个独立的子图。从学过的内容可知，只需要简单设置 subplots 和 layout 就可以绘制多图。

活动一　在不同子图绘制各班的成绩统计图

【问题描述】

基于任务一活动一中的学生成绩表（计算机专业成绩 .xlsx），见表 6-1-1。统计各班的 C 语言成绩分布情况，并绘制直方图（hist）。

●**输出结果：**

输出结果如图 6-2-1 所示。

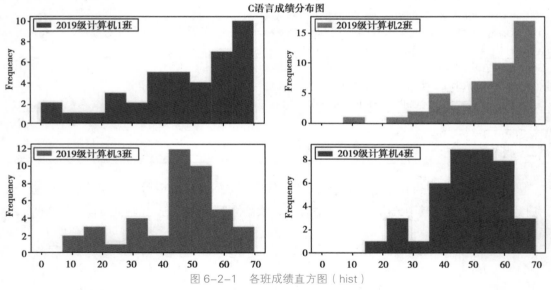

图 6-2-1　各班成绩直方图（hist）

备注：柱状图是用宽度相同的条形的高度或长短来表示数据多少的图形；直方图是用一系列高度不等的纵向条纹或线段来表示数据的分布情况。

【题前思考】

根据问题描述，填写表 6-2-1。

表 6-2-1　问题分析

问题描述	问题解答
怎样将不同班级的学生成绩分开	
怎样筛选出 C 语言成绩	
怎样将筛选出的成绩构造为 DataFrame 对象	

【操作提示】

为了将各班的学生成绩分开，需要使用 groupby( ) 方法对学生成绩分组。然后在分组对象中提取出 C 语言成绩，并构造成一个数据框对象，需要用到列表操作和 concat( ) 方法。最后，需要将制图类型设置为"hist"。

【程序代码】

```
import  pandas  as  pd
from  pylab  import  plt
plt.rcParams['font.sans-serif'] = ['SimHei'] # 支持中文
plt.rcParams['axes.unicode_minus'] = False   # 解决坐标轴负数的负号显示问题
grade=pd.read_excel(r"D:\pydata\ 项目六 \ 计算机专业成绩 .xlsx")          ①
groups=grade.groupby(' 班级 ')                                          ②
names,dfs=[ ],[ ]
for g  in  groups:
    names.append(g[0])
    dfs.append(g[1].loc[: ,['C 语言 (70 分 )']])                        ③
res=pd.concat(dfs,axis=1)                                              ④
res.columns=names                                                     ⑤
res.plot(kind='hist',figsize=(16,9),title='C 语言成绩分布图 ',subplots=True, layout=(2, 2))  ⑥
plt.show( )
```

【代码分析】

①：读取数据，保存在变量 grade 中，该变量为数据框对象。

②：按照"班级"对 grade 分组，得到分组对象 groups。

③：解析分组：g[0] 为组名；g[1] 是数据框对象，包含分组数据；for 语句执行后，names 内容为 ['2019 级计算机 1 班 ', '2019 级计算机 2 班 ', '2019 级计算机 3 班 ', '2019 级计算机 4 班 ']，dfs 为 Series 类型的列表，每个 Series 对象包含一个班的 C 语言成绩。

④：将列表 dfs 拼接为数据框对象 res，concat( ) 沿"列"方向拼接，拼接方式为 "outer"，会出现很多空值，但是不影响成绩分布统计结果。axis=1 表示操作结果保持行索引不变，对列操作；axis=0 则刚好相反。

⑤：设置 res 对象的列索引为 names，res 的内容见表 6-2-2，第 1 列为行索引。

表 6-2-2 数据拼接结果

	2019 级计算机 1 班	2019 级计算机 2 班	2019 级计算机 3 班	2019 级计算机 4 班
0	67.0	NaN	NaN	NaN
1	67.0	NaN	NaN	NaN
2	NaN	67.0	NaN	NaN
3	NaN	64.0	NaN	NaN
4	NaN	61.0	NaN	NaN

续表

	2019 级计算机 1 班	2019 级计算机 2 班	2019 级计算机 3 班	2019 级计算机 4 班
...	...	...	...	...
163	NaN	NaN	16.0	NaN
164	NaN	NaN	10.0	NaN
165	NaN	7.0	NaN	NaN
166	8.0	NaN	NaN	NaN
167	0.0	NaN	NaN	NaN

⑥：绘制一幅 2 行 2 列的图像，使用 res 的每一列绘制一个直方图。图中每个条形占有的横坐标范围表示当前成绩范围，条形的高度表示当前成绩范围内的学生人数。

【技术全貌】

pandas 绘制多图时，可以对子图布局，也可以在不同的子图中绘制不同类型的图像。执行如下代码，结果如图 6-2-2 所示。

```
import pandas as pd
from pylab import plt
plt.rcParams['font.sans-serif'] = ['SimHei']
plt.rcParams['axes.unicode_minus'] = False
grade=pd.read_excel(r"D:\pydata\ 项目六 \ 计算机专业成绩 .xlsx")
ax1 = plt.subplot2grid((2,3),(0,0))                                    ①
ax2 = plt.subplot2grid((2,3),(0,1))                                    ②
ax3 = plt.subplot2grid((2,3),(0,2),rowspan=2)                          ③
ax4 = plt.subplot2grid((2,3),(1,0),colspan=2)                          ④
grade['C 语言 (70 分 )'].plot(kind='hist',ax = ax1,legend =True)        ⑤
grade[' 数据结构 (70 分 )'].plot(kind='line',ax = ax2,legend =True)      ⑥
grade[' 算法分析 (60 分 )'].plot(kind='box',ax = ax3)                    ⑦
avg = grade[[' 班级 ',' 算法分析 (60 分 )']].groupby(' 班级 ').agg('mean')  ⑧
avg.plot(kind='barh',legend=True,ax=ax4,figsize=(16,9))               ⑨
plt.show( )
```

当绘制复杂的多图时，一般应先建立子图坐标系统，并对其布局；然后在绘图时指定图像所在的坐标系统。subplot2grid( ) 方法可以对子图布局，参数 rowspan 指定占用几行，colspan 指定占用几列。

①②③④：将图像分为 2 行 3 列，坐标轴 ax1 放在 0 行 0 列，ax2 放在 0 行 1 列，ax3 放在 0 行 2 列且占两行，ax4 放在 1 行 0 列占用两列。

⑤：绘制 C 语言成绩直方图，ax=ax1 指定在坐标轴 ax1 上绘图。

⑥：绘制数据结构成绩折线图，ax=ax2 指定在坐标轴 ax2 上绘图。

⑦：绘制算法分析成绩箱线图，ax=ax3 指定在坐标轴 ax3 上绘图。

⑧：按班级统计算法分析课程的平均成绩。

⑨：绘制算法分析班级平均成绩水平柱状图，ax=ax4 指定在坐标轴 ax4 上绘图。

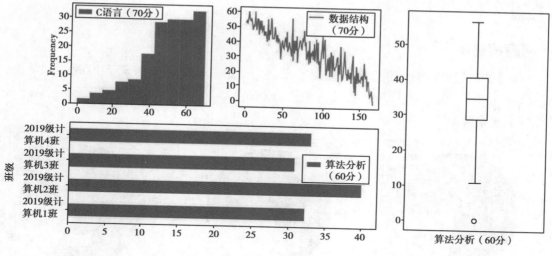

图 6-2-2　不同类型子图及其布局

一展身手

使用本示例的数据（计算机专业成绩 .xlsx），分班统计各专业课的最低分和最高分。要求绘制 1 行 2 列的统计图，第一个子图绘制垂直柱状图表示各班的最低分，第二个子图绘制水平柱状图表示各班的最高分，如图 6-2-3 所示。

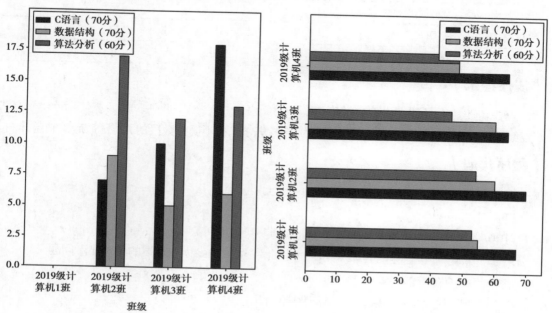

图 6-2-3　绘制不同类型子图

微课

活动二 按分数段绘制各班的人数占比

【问题描述】

使用学生成绩表（计算机专业成绩.xlsx），针对 C 语言成绩，统计各班学生在不及格学生、及格学生和优秀学生中所占的比例，并绘制饼图（pie）。

• 输出结果：

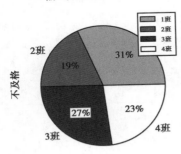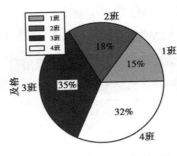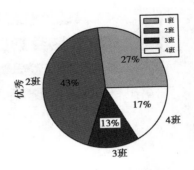

图 6-2-4　成绩段分班统计图

【题前思考】

根据问题描述，填写表 6-2-3。

表 6-2-3　问题分析

问题描述	问题解答
如何划分不及格、及格、优秀的分数段	
怎样对成绩执行分段操作	
如何统计班级中某分数段学生的数量	

【操作提示】

首先需要从大量数据中取出"班级"和"C 语言（70 分）"两列。然后，使用 cut( ) 方法对成绩数据分段，并使用 crosstab( ) 方法统计各班学生在不同分数段的人数，最后绘制统计图。

【程序代码】

```
import pandas as pd
import pylab as plt
plt.rcParams['font.sans-serif'] = ['SimHei'] # 支持中文
plt.rcParams['axes.unicode_minus'] = False   # 解决坐标轴负数的负号显示问题
grade=pd.read_excel(r"D:\pydata\ 项目六 \ 计算机专业成绩 .xlsx")
grade=grade.loc[:,[' 班级 ','C 语言 (70 分 )']]                                                    ①
grade['C 语言 (70 分 )']=pd.cut(grade['C 语言 (70 分 )'],bins=[-1,42,56,71],
                    labels=[' 不及格 ',' 及格 ',' 优秀 '])                                            ②
res=pd.crosstab(index=grade[' 班级 '],columns=grade['C 语言 (70 分 )'])                   ③
```

```
res.plot.pie(subplots=True, figsize=(16, 9),layout=(1,3),
        labels=["1 班 ", "2 班 ", "3 班 ", "4 班 "],
        colors=["r", "g", "b", "c"], autopct="%.0f%%",fontsize=12)       ④
plt.show( )
```

【代码分析】

①：取出"班级"和"C 语言 (70 分)"两列数据，见表 6-2-4。

表 6-2-4　提取数据

班级	C 语言 (70 分)
2019 级计算机 1 班	67
2019 级计算机 1 班	67
2019 级计算机 2 班	67
2019 级计算机 2 班	64
2019 级计算机 2 班	61
…	…
2019 级计算机 3 班	16
2019 级计算机 3 班	10
2019 级计算机 2 班	7
2019 级计算机 1 班	8
2019 级计算机 1 班	0

②：用 cut( ) 方法把一组数据分割成离散的区间。参数 bins=[-1,42,56,71] 和 labels=[' 不及格 ',' 及格 ',' 优秀 '] 表示将分数划分为 3 段，0~41 分为不及格，42~55 分为及格，56~70 分为优秀。结果见表 6-2-5 所示。

表 6-2-5　成绩分段统计

班级	C 语言 (70 分)
2019 级计算机 1 班	优秀
2019 级计算机 1 班	优秀
2019 级计算机 2 班	优秀
2019 级计算机 2 班	优秀
2019 级计算机 2 班	优秀
…	…
2019 级计算机 3 班	不及格
2019 级计算机 3 班	不及格
2019 级计算机 2 班	不及格
2019 级计算机 1 班	不及格
2019 级计算机 1 班	不及格

③：用 crosstab( ) 完成交叉表操作，以班级为行索引、分数段（不及格、及格、优秀）为列索引统计人数。结果见表 6-2-6。

表 6-2-6   各班级各分数段学生人数统计

C 语言（70 分） 班级	不及格	及格	优秀
2019 级计算机 1 班	15	9	16
2019 级计算机 2 班	9	11	26
2019 级计算机 3 班	13	21	8
2019 级计算机 4 班	11	19	10

④：用 DataFrame 对象绘制饼图，subplots 必须设置为 True；layout 设置布局为 1 行 3 列；labels 替换行索引成为各扇形标签；colors 设置扇面的颜色；fontsize 设置字体大小；autopct 表示自动显示百分比，"%.0f%%" 表示不保留小数。结果如图 6-2-4 所示。

【 优化提升 】

黑白印刷图 6-2-4 时，效果较差，可以将绘图部分的代码做如下修改：

```
axes=res.plot.pie(subplots=True, figsize=(16, 9),layout=(1,3),
        labels=["1 班 ", "2 班 ", "3 班 ", "4 班 "],
        explode = [0.01,0.01,0.01,0.01], autopct="%.0f%%",fontsize=12,legend=False)
for i in range(len(axes[0])):
    bars = axes[0][i].patches
    patterns =('/','o','.','+')
    for bar,hatch in zip(bars,patterns):
        bar.set_hatch(hatch)
        bar.set_facecolor('w')
        bar.set_edgecolor('k')
    axes[0][i].legend( )
plt.show( )
```

参数 explode 可以给扇面之间添加缝隙，美化图像，该参数是一个列表，长度和扇面个数相同。结果如图 6-2-5 所示，更适合黑白印刷。

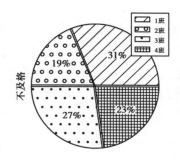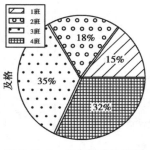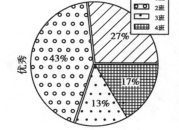

图 6-2-5   黑白样式的饼图

备注：如指定了 layout 参数，第 i 个饼图的引用方式为 axes[0][i] 或 axes[0,i]，i 从 0 开始；否则，引用方式为 axes[i]。因为，axes 是一个类型为 numpy.ndarray 的 n 维数组对象，如果指定了 layout 参数，结果为二维数组，否则为一维数组。

【技术全貌】

pandas 还可以绘制一种特殊的多图，即在一个图像中嵌入另一图像，称为嵌套图。运行下面的代码，结果如图 6-2-6 所示。

```
import pandas as pd
import pylab as plt
plt.rcParams['font.sans-serif'] = ['SimHei']
plt.rcParams['axes.unicode_minus'] = False
grade=pd.read_excel(r"D:\pydata\ 项目六 \ 计算机专业成绩 .xlsx")
grade=grade.loc[:,['C 语言 (70 分 )']]
rank = pd.cut(grade['C 语言 (70 分 )'],bins=[-1,42,56,71],
              labels=[' 不及格 ',' 及格 ',' 优秀 '])
ax1 = grade.plot.hist(color='bisque',hatch='.',edgecolor='k',figsize=(16,9))    ①
ax2 = ax1.inset_axes(bounds=[0.1,0.45,0.3,0.35])                                ②
rank.value_counts( ).plot.pie(ax=ax2,ylabel='')                                ③
plt.show( )
```

①：绘制 C 语言成绩直方图，坐标系统保存为 ax1。设置矩形条填充颜色为橘黄色，边框为黑色，填充样式为实心圆。参数 hatch 将所有矩形条填充相同的样式，如果要对不同矩形条填充不同的样式，这种方法就不适用了。

②：在 ax1 中添加坐标系统 ax2，bounds 参数的 4 个项分别表示 ax2 在 ax1 中左下角的坐标（横坐标、纵坐标）宽度和高度。最大取值是 1，是相对值。

③：参数 ax=ax2 表示在坐标系统 ax2 中绘制饼图，value_counts( ) 表示统计相同值出现的次数。

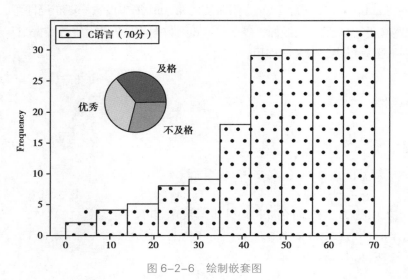

图 6-2-6 绘制嵌套图

一展身手

现有三大运营商的营收数据，见表 6-2-7。

表 6-2-7   运营商营收数据表

年份	中国移动（亿元）	中国电信（亿元）	中国联通（亿元）
2019 年	7 459	3 757.34	2 905.1
2018 年	7 368	3 771.24	2 637.0

要求按年度绘制营收占比图，如图 6-2-7 所示。

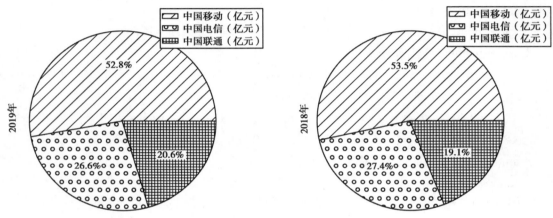

图 6-2-7   运营商营收占比图

项目小结

在项目中，我们学习了使用 pandas 绘制单个或多个图表。plot( ) 是 pandas 中最重要的绘图方法，该方法按"列"绘制各种图形，一般将所有"列"绘制在一幅图像中。如果要绘制多图，只需要将 subplots 设置为 True，同时使用 layout 简单设置子图布局即可。总之，可视化图表非常直观，用户一旦看到图像，会立刻感知到数据信息，进而进行数据交互及有效沟通，可视化图表在数据分析中起着关键作用。

 自我检测

一、选择题

1. pandas 中绘制散点图需要将 plot( ) 方法的 kind 属性设置为（　　　）。

　　A. 'line'　　　　　　　B. 'barh'　　　　　　　C. 'pie'　　　　　　　D. 'scatter'

2. 用 pandas 中的 plot( ) 方法绘制红色带五角星标记虚线时的正确设置为（　　　）。

　　A. style=['g:p']　　　B. style=['r-o']　　　C. style=['r:*']　　　D. style=['b:*']

3. 绘图时给图像加标题的属性是（　　　）。

  A. title   B. legend   C. stacked   D. grid

4. 关于 DataFrame.plot( ) 方法说法正确的是（   ）。

  A. 该方法默认按照数据框的列绘图，列索引为横坐标，图例为行索引

  B. 该方法默认按照数据框的列绘图，行索引为横坐标，图例为列索引

  C. 该方法默认按照数据框的行绘图，行索引为横坐标，图例为列索引

  D. 该方法默认按照数据框的行绘图，列索引为横坐标，图例为行索引

5. pandas 绘图时，指定横坐标轴范围的属性是（   ）。

  A. xticks   B. yticks   C. xlim   D. ylim

二、填空题

1. pandas 绘图时底层调用的是_____。

2. 指定图像横纵坐标标题使用的属性是_____、_____。

3. 绘制 2×2 多图时，需要将 subplots 设置为_____，同时将 layout 设置为_____。

4. 绘图时指定不添加图例，将 legend 属性设置为_____。

5. plot( ) 方法的属性 figsize 的作用是_____。

三、编写程序

1. 已知某商品的销售量和收藏量，见表 6-2-8。请绘制销售量和收藏量柱状图，销售量使用蓝色，收藏量使用红色。

表 6-2-8　某商品的销售量和收藏量

	销售量	收藏量
一月	1 000	1 500
二月	2 000	2 300
三月	5 000	3 500
四月	2 000	2 400
五月	4 000	1 900
六月	3 000	3 000

2. 使用表 6-2-5 中的数据，统计每行的平均值，绘制均值折线图。

3. 将 1 题和 2 题的两个单图合并绘制在一个多图中（一行两列）。

 **项目评价**

任务	标准	配分 / 分	得分 / 分
绘制单个图表	能描述绘制单个图表的方法	10	
	能使用 plot( ) 方法制作单图	10	
	能使用参数 style 控制线条样式	10	
	能使用参数 title 和 legend 添加说明性文字	10	
	能使用 xlim、ylim、xticks、yticks、xlabel、ylabel 和 rot 等参数设置坐标轴格式	10	
绘制多个图表	能描述绘制多个图表的方法及子图布局方法	10	
	能使用子图布局在多图中绘制不同类型子图	20	
	能绘制嵌套图表	10	
	能为几何形状填充图案	10	
总分		100	

 阅读有益

Web 数据可视化工具——ECharts

　　ECharts 是一款基于 JavaScript 的数据可视化图表库，提供直观、生动、可交互、可个性化定制的数据可视化图表。ECharts 最初由百度团队开源，并于 2018 年初捐赠给 Apache 基金会，成为 ASF 孵化级项目，于 2021 年 1 月 26 日正式毕业。

　　ECharts 可以流畅地运行在 PC 和移动设备上，兼容当前绝大部分浏览器，底层依赖矢量图形库 ZRender。它提供直观、交互丰富、可高度个性化定制的数据可视化图表，包括常规的折线图、柱状图、散点图、饼图、K 线图，用于统计的盒形图，用于地理数据可视化的地图、热力图、线图，用于关系数据可视化的关系图、treemap、旭日图，用于 BI 的漏斗图等。

项目七　处理时间序列

////////// **项目描述** //////////

　　事物都是在不断发展和变化的，而且发展和变化一般都是有规律的。处理时间序列的目的就是发现数据随时间变化的规律。现实世界中，很多事物都随着时间的推移而不断变化，如气温、血压、心率、GDP、股价等，随着时间变化而不断变化的量的序列就是时间序列。具体到pandas，行索引是日期或时间的数据框或序列，就是时间序列，pandas 为时间序列分析提供了很多有用的工具。如果以时间为横轴、量为纵轴绘制图形，可以直观地看到量随时间变化的过程，如心电图、K 线图、气温变化图等。有些时间序列有明显的变化规律，从图上都可以直接发现，但是有些时间序列直接观察看不出任何规律，经过一些处理后规律才会显现出来。时间序列分析是一门重要的学问，是现代经济学和金融学的重要理论基础。

////////// **项目目标** //////////

知识目标：
能描述 resample( ) 方法、rolling( ) 方法、expanding( ) 方法的作用和各参数的含义；
能描述常用频率字符串的含义；
能描述 Resampler 类、Rolling 类和 Expanding 类常用方法的作用。

技能目标：
能使用 resample( ) 方法按频率要求进行采样统计；
能使用 rolling( ) 方法和 expanding( ) 方法创建移动窗口并进行统计操作。

思政目标：
体会大数据技术的发展过程就是推陈出新的过程。

任务一   对时间序列采样

处理不同时间序列会选择不同的时间间隔，如果要反映短时间内的变化情况，需要考察日、时、分、秒甚至毫秒、微秒内的数据变化情况，如果要反映长时期内的数据变化情况，需要考察周、月、季、年内的数据变化情况。例如，现在有股价的日线数据，即每日的股价收盘数据，如果要求每周或每月的股票收盘价数据怎么求呢？首先可能会想到写一个函数进行计算，取每月最后一天的股票收盘价作为这个月的收盘价。但是，写这个函数的时候会发现，问题没有想象的那么简单，一是每个月的最后一天不一样，可能是 28 日、29 日、30 日、31 日，二是最后一天不一定会交易，因为周末和节假日股市不开盘。很幸运的是，pandas 已经写好了类似函数，只需要调用它们就可以解决这些问题。

统计上证指数月度收益率

【问题描述】

现有 1990 年 12 月 19 日至 2021 年 7 月 16 日的上证指数日线数据，见表 7-1-1。

表 7-1-1   上证指数日线数据

	OPEN	HIGH	LOW	CLOSE	VOLUME
DATE					
1990-12-19	96.050	99.980	95.790	99.980	126 000
1990-12-20	104.300	104.390	99.980	104.390	19 700
1990-12-21	109.070	109.130	103.730	109.130	2 800
1990-12-24	113.570	114.550	109.130	114.550	3 200
1990-12-25	120.090	120.250	114.550	120.250	1 500
…	…	…	…	…	…
2021-07-12	3 545.198	3 565.032	3 527.393	3 547.836	40 363 955 800
2021-07-13	3 547.590	3 567.481	3 542.815	3 566.523	36 241 671 100
2021-07-14	3 560.828	3 560.828	3 525.494	3 528.501	37 222 172 200
2021-07-15	3 519.063	3 565.935	3 514.258	3 564.590	36 325 916 400
2021-07-16	3 559.526	3 565.999	3 537.729	3 539.304	36 601 477 900

OPEN 表示开盘价，HIGH 表示最高价，LOW 表示最低价，CLOSE 表示收盘价。请求出上证指数的月度收益率，并绘制图表。

月度收益率是指以上月收盘价买入，以本月收盘价卖出所获得的收益率，用公式表示为：

$$月度收益率 = \frac{本月收盘价 - 上月收盘价}{上月收盘价}。$$

• 输出结果：

输出结果见表 7-1-2 和图 7-1-1。

表 7-1-2　上证指数月度收益率表

	CLOSE	收益率
DATE		
1990-12-31	127.610	NaN
1991-01-31	129.970	0.018 494
1991-02-28	133.010	0.023 390
1991-03-31	120.190	-0.096 384
1991-04-30	113.940	-0.052 001
...	...	...
2021-02-28	3 509.080	0.007 468
2021-03-31	3 441.912	-0.019 141
2021-04-30	3 446.856	0.001 436
2021-05-31	3 615.477	0.048 920
2021-06-30	3 591.197	-0.006 716

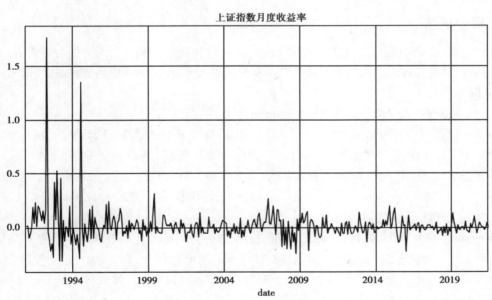

图 7-1-1　上证指数月度收益率

【题前思考】

根据问题描述，填写表 7-1-3。

表 7-1-3　问题分析

问题描述	问题解答
怎样从日股价数据取得月股价数据	
怎样求月度收益率	

【操作提示】

　　首先调用时间序列的 resample( ) 方法将日股价数据按月份分组，然后调用分组的 ohlc( ) 函数分别取得每个分组的开盘价 (o)、最高价 (h)、最低价 (l) 和收盘价 (c)。最后再调用 pct_change( ) 方法求收盘价的变化率就得到了月度收益率。

【程序代码】

```
import  pandas  as pd
from pylab  import  plt
plt.rcParams['font.sans-serif'] = ['SimHei']
plt.rcParams['axes.unicode_minus'] = False
df=pd.read_excel(r"D:\pydata\项目七\指数.xlsx",index_col=[0])                    ①
month=df.loc[:'2021/6','close'].resample('M').ohlc( )                          ②
month=month.loc[:,['close']]
month['收益率']=month['close'].pct_change( )                                    ③
print(month)
month['收益率'].plot(kind='line',figsize=(16,9),grid=True,title=" 上证指数月度收益率")④
plt.show( )
```

【代码分析】

　　①：读入上证指数日线数据。参数 index_col=[0] 指定第 0 列即日期列作为行索引，构成时间序列，这是处理时间序列的先决条件。要想使用 pandas 的时间序列方法或函数，必须以日期或时间作为行索引。

　　②：取得月度收盘价数据存放到变量 month 中。

　　• df.loc[:'2021/6','close'] 表示取得从开始到 2021 年 6 月的数据，因为原始表中 7 月数据不完整，所以只取到 6 月的数据。在时间序列中，可以取任意时间区间的数据，比如 '1990/6':'2021/9' 表示 1990 年 6 月到 2021 年 9 月的所有数据，'1990Q2':'2021Q3' 表示 1990 年第 2 季度到 2021 年第 3 季度的数据，'1990':'2021' 表示 1990 年到 2021 年间的数据。注意时间序列的切片中包括左右边界的日期。

　　• resample('M') 表示按月 (Month) 采样，相当于按月份分组，比如 1990 年 1 月的时间一组，1990 年 2 月的时间一组……2021 年 5 月的时间一组，2021 年 6 月的数据一组。参数 M 是采样频率，除了 M 外，还有 W(Week，周)、D(Day，日)、H(Hour，时)、T 或 min (Minute，分)、S(Second，秒) 等，还可以表示更复杂的频率，如 9D3H5T 表示 9 天 3 小时 5 分。

　　• ohlc( ) 方法取得每个分组的第一个值 (Open)、最大值 (Hight)、最小值 (Low) 和最后一个值 (Close) 构成一个新数据框。结果见表 7-1-4。

表 7-1-4　上证指数月度数据表

	OPEN	HIGH	LOW	CLOSE
DATE				
1990-12-31	99.980	127.610	99.980	127.610
1991-01-31	128.840	134.740	128.840	129.970

续表

	OPEN	HIGH	LOW	CLOSE
DATE				
1991-02-28	129.510	134.870	128.580	133.010
1991-03-31	132.530	132.530	120.190	120.190
1991-04-30	120.730	121.720	113.940	113.940
...	...	...	...	...
2021-02-28	3 505.284	3 696.168	3 496.333	3 509.080
2021-03-31	3 551.400	3 576.905	3 357.737	3 441.912
2021-04-30	3 466.332	3 484.392	3 396.470	3 446.856
2021-05-31	3 441.283	3 615.477	3 418.874	3 615.477
2021-06-30	3 624.714	3 624.714	3 518.329	3 591.197

③：求月度收盘价的变化百分比，即月度收益率。pct_change( ) 方法的计算方法是 $\dfrac{\text{当前数据} - \text{上一个数据}}{\text{上一个数据}}$，正好可以计算上证指数的月度收益率。因为第一行数据没有前一个数据，所以第一个收益率为 NaN。

④：绘制上证指数月度收益率图。kind='line' 表示以折线图方式绘制，figsize=(16,9) 表示宽度为 16、高度为 9，单位为英寸，grid=True 表示要绘制网格，title=" 上证指数月度收益率 " 表示图表的标题。

【技术全貌】

1. 频率字符串

使用 resample( ) 方法进行采样涉及各种时间频率，表 7-1-5 列举一些常用的表示时间频率的字符串，更多的内容请参考官网文档。

时间序列重采样及频率字符串

表 7-1-5 频率字符串表

频率字符串	偏移量类型	说明
D	Day	日历日
B	Business Day	工作日
H	Hour	小时
T 或 min	Minute	分
S	Second	秒
L 或 ms	Milli	毫秒（即每千分之一秒）
Y	Micro	微秒（即每百万分之一秒）
M	Month End	以月份最后一个日历日为标志的月份，如 2021-06-01 至 2021-06-30 这个月份，以 2021-06-30 日为标志
BM	Business Month End	以月份最后一个工作日为标志的月份。如 2021-02-01 至 2021-02-28 这个月份，以 2021-02-26（周五）为标志
MS	Month Begin	以月份第一个日历日为标志的月份。如 2021-06-01 至 2021 年 6 月 30 日这个月份，以 2021 年 6 月 1 日为标志

续表

频率字符串	偏移量类型	说明
BMS	Business Month Begin	以月份第一个工作日为标志的月份。如 2020-11-01 至 2020-11-30 这个月份，以 2020 年 11 月 2 日（周一）为标志
W-MON、W-TUE…	Week	用给定日期（MON、TUE、WED、THU、FRI、SAT、SUN）作为结束标志的周。如对于 W-TUE，2021-06-23 至 2021-06-29 这周，以 2021-06-29（周二）作为标志
WOM-1MON、WOM-2MON…	Week Of Month	以指定周次的日期（MON、TUE、WED、THU、FRI、SAT、SUN）作为开始的月。如 WOM-3FRI 表示以当月第 3 个星期五作为开始的月，2021-05-21 至 2021-06-17 这个月就用 2021-05-21 作为标志，因为这天是 2021 年 5 月的第 3 个星期五
Q-JAN、Q-FEB…	Quarter End	以指定月份（JAN、FEB、MAR、APR、MAY、JUN、JUL、AUG、SEP、OCT、NOV、DEC）的最后一个日历日作为当年最后一个季度的结束标志。如对于 Q-MAR，2021-01-01 至 2021-03-31 这个季度，就以 2021-03-31 为标志，同时它也作为 2021 年的第四个季度，所以表示为 2021Q4。相应的 2021Q1 表示 2020-04-01 至 2020-06-30，2021Q2 表示 2020-07-01 至 2020-09-30，2021Q3 表示 2020-10-01 至 2020-12-31
BQ-JAN、BQ-FEB…	Business Quarter End	以指定月份（JAN、FEB、MAR、APR、MAY、JUN、JUL、AUG、SEP、OCT、NOV、DEC）的最后一个工作日作为当年最后一个季度的结束标志
QS-JAN、QS-FEB…	Quarter Begin	以指定月份（JAN、FEB、MAR、APR、MAY、JUN、JUL、AUG、SEP、OCT、NOV、DEC）的第一个日历日作为当年第一个季度的开始标志。如对于 QS-FEB，2020Q1 表示 2020-02-01 至 2020-04-30，2020Q2 表示 2020-05-01 至 2020-07-31，2020Q3 表示 2020-08-01 至 2020-10-31，2020Q4 表示 2020-11-01 至 2021-01-31
BQS-JAN、BQS-FEB…	Business Quarter Begin	以指定月份（JAN、FEB、MAR、APR、MAY、JUN、JUL、AUG、SEP、OCT、NOV、DEC）的第一个工作日作为当年第一个季度的开始标志
A-JAN、A-FEB…	Year End	以指定月份的最后一个日历日作为该年度结束标志。如对于 A-FEB，2020 年表示 2019-03-01 至 2020-02-29
BA-JAN、BA-FEB…	Business Year End	以指定月份的最后一个工作日作为该年度的结束标志
AS-JAN、AS-FEB…	Year Begin	以指定月份的第一个日历日作为该年度的开始标志。如对于 AS-FEB，2020 年表示 2020-02-01 至 2021-01-31
BAS-JAN、BAS-FEB…	Business Year Begin	以指定月份的第一个工作日作为该年度的开始标志

2.resample( ) 方法

pandas 中的 resample( ) 方法是一个对常规时间序列数据重新采样和频率转换的便捷方法。调用它的数据框或序列必须具有时间类的行索引 (DatetimeIndex 日期时间索引、PeriodIndex 时期索引或者 TimedeltaIndex 时间间隔索引)。

resample( ) 方法的格式如下：

DataFrame.resample(rule, axis=0, closed=None, label=None, convention='start', kind=None, loffset=None, base=None, on=None, level=None, origin='start_day', offset=None)

resample( ) 方法各参数的含义见表 7-1-6。

表 7-1-6 resample( ) 方法的参数

参数	说明
rule	DateOffset、Timedelta 或 str，表示重采样频率，如 'M'、'5min'，Second(15)
axis=0	{0 或 'index', 1 或 'columns'}，表示重采样的轴，默认是纵轴，横轴设置 axis=1 或 'columns'
closed='right'	{'right','left'}，默认为 'right'，表示各时间段的哪一端是闭合的，也就是说采样时间段是包括左边界还是右边界，默认是包括右边界。如 9：30—9：35 这个时间段，如果 closed='right' 则包括 9：35 这个时间点而不包括 9：30 这个时间点
label='right'	{'right', 'left'}，表示如何设置采样区间的标签，默认以右边界为标签，例如，9：30—9：35 会被标记成 9：30 还是 9：35，默认 9：35
convention=None	{'start','end','s','e'}，默认为 'end'，表示重采样时期时，将低频率转换到高频率所采用的约定（start 或 end）。
kind=None	{'timestamp', 'period'}，聚合到时期（'period'）或时间戳（'timestamp'），默认为 None 表示聚合到时间序列的索引类型
loffset=None	timedelta, 标签的时间校正值，如 '-1s' 或 Second(-1) 用于将聚合标签调早 1 s，默认为 None 表示不调整。
base=None	int，默认为 0，表示对于 1 天以内的时间区间的起始位置。从 1.1.0 版起不推荐使用
on=None	str, 可选，表示用于重采样的列，该列必须为时间类型的数据(Datetime,Period,Timedelta)。如果不对索引重采样可以用此参数指定采样的列
level=None	str 或 int, 可选，在多级索引中指定用于重采样的索引级别，该级别的索引必须为时间类索引
origin='start_day'	{'epoch', 'start', 'start_day','end', 'end_day'},Timestamp 或 str,默认为 'start_day'，表示采样起点，用于调整分组的 Timestamp。 1.1.0 版引进： 'epoch'：origin 的值为 1970-01-01。 'start'：origin 的值为第一个值开始。 'start_day'：origin 的值为第一天的 0 点。 1.3.0 引进： 'end'：从时间序列的最后一个值开始。 'end_day'：从时间序列最后一天的 24 点开始
offset	1.1.0 引进 Timedelta 或 str, 默认为 None，表示加到 origin 参数的时间间隔

下面用具体的例子来演示用 resample( ) 方法进行数据采样。有如下数据：

index = pd.date_range('1/1/2000', periods=9, freq='T')

series = pd.Series(range(9), index=index)

产生的数据如下：

2000-01-01 00：00：00   0

2000-01-01 00：01：00   1

2000-01-01 00：02：00   2

2000-01-01 00：03：00   3

```
2000-01-01 00:04:00    4
2000-01-01 00:05:00    5
2000-01-01 00:06:00    6
2000-01-01 00:07:00    7
2000-01-01 00:08:00    8
```

（1）设置采样的边界和标签

• 包含左边界以左边界为标签：

s.resample('3T', label='left', closed='left').sum( )

输出：

```
2000-01-01 00:00:00    3
2000-01-01 00:03:00    12
2000-01-01 00:06:00    21
```

第 一 个 时 间 段 为 [2000-01-01 00:00:00, 2000-01-01 00:01:00, 2000-01-02 00:02:00] 不含右边界 2000-01-01 00:03:00，以左边界 2000-01-01 00:00:00 为标签。

• 包含左边界以右边界为标签：

s.resample('3T', label='right', closed='left').sum( )

输出：

```
2000-01-01 00:03:00    3
2000-01-01 00:06:00    12
2000-01-01 00:09:00    21
```

第 一 个 时 间 段 为 [2000-01-01 00:00:00, 2000-01-01 00:01:00, 2000-01-02 00:02:00] 不含右边界 2000-01-01 00:03:00，但以右边界 2000-01-01 00:03:00 为标签。

• 包含右边界以左边界为标签：

s.resample('3T', label='left', closed='right').sum( )

输出：

```
1999-12-31 23:57:00    0
2000-01-01 00:00:00    6
2000-01-01 00:03:00    15
2000-01-01 00:06:00    15
```

第 一 个 时 间 段 为 [1999-12-31 23:58:00, 1999-12-31 23:59:00, 2000-01-01 00:00:00] 不含左边界 1999-12-31 23:57:00，但以左边界 1999-12-31 23:57:00 为标签。

• 包含右边界以右边界为标签：

s.resample('3T', label='right', closed='right').sum( )

输出：

```
2000-01-01 00:00:00    0
2000-01-01 00:03:00    6
2000-01-01 00:06:00    15
2000-01-01 00:09:00    15
```

第一个时间段为 [1999-12-31 23:58:00, 1999-12-31 23:59:00, 2000-01-01 00:00:00] 不含左边界 1999-12-31 23:57:00，以右边界 2000-01-01 00:00:00 为标签。

（2）设置起始位置及偏移值

以下 3 条语句是等效的：

s.resample('3T', label='left', closed='left',origin='2000-01-01 00:00:00',offset='2T').sum( )

s.resample('3T', label='left', closed='left',origin='start',offset='2T').sum( )

s.resample('3T', label='left', closed='left',origin='start_day',offset='2T').sum( )

输出：

1999-12-31 23:59:00　　1

2000-01-01 00:02:00　　9

2000-01-01 00:05:00　　18

2000-01-01 00:08:00　　8

origin='start' 表示从序列的第一个时间开始采样，序列的第一个时间也就是 2000-01-01 00:00:00。origin='start_day' 表示从第一个时间的 0 点开始采样，也是 2000-01-01 00:00:00。offset='2T' 表示从 origin 的时间加 2 分钟开始采样，2000-01-01 00:00:00 加 2 分钟就是 2000-01-01 00:02:00，为了将 2000-01-01 00:00:00 和 2000-01-01 00:01:00 两个时间加入进去，所以前面还有一个时间段 [1999-12-31 23:59:00，2000-01-01 00:00:00，2000-01-01 00:01:00]。

一展身手

统计上证指数 2000-01-01 到 2021-07-31 间的周平均收益率，要求以每周周一为每周最后一天。请输出周收益率表（见表 7-1-7）并绘制周收益率折线图（见图 7-1-2）。

表 7-1-7　上证指数周收益率表

	CLOSE	收益率
DATE		
2000-01-03	1 366.580	0.000 000
2000-01-10	1 545.112	0.130 641
2000-01-17	1 433.330	-0.072 346
2000-01-24	1 477.344	0.030 708
2000-01-31	1 534.997	0.039 025
...	...	...
2021-06-21	3 529.183	-0.016 872
2021-06-28	3 606.372	0.021 872
2021-07-05	3 534.322	-0.019 979
2021-07-12	3 547.836	0.003 824
2021-07-19	3 539.304	-0.002 405

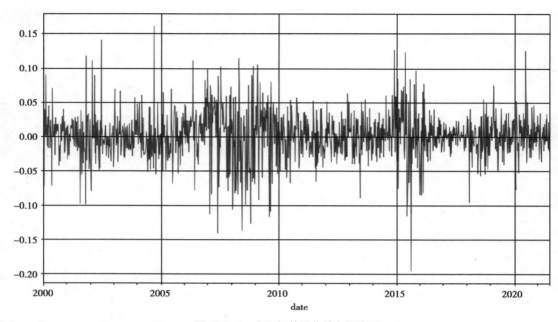

图 7-1-2　上证指数周收益率折线图

活动二　按季度统计股票平均交易量和交易额

【问题描述】

请统计贵州茅台从 2001 年第四季度到 2021 年第二季度间每个季度交易量和交易额的总和及平均值，并绘制这些数据的折线图，原始数据见表 7-1-8。

表 7-1-8　贵州茅台交易量和交易额表

DATE	交易量	交易额
2001-08-27	40 631 800	1 410 347 136
2001-08-28	12 964 700	463 463 136
2001-08-29	5 325 200	194 689 616
2001-08-30	4 801 300	177 558 560
2001-08-31	2 323 100	86 231 000
…	…	…
2021-07-12	3 901 024	7 658 786 228
2021-07-13	2 992 471	5 946 287 258
2021-07-14	3 077 069	6 011 814 880
2021-07-15	4 219 005	8 391 506 228
2021-07-16	3 540 764	6 958 296 858

• **输出结果：**

输出结果见表 7-1-9 和图 7-1-3、图 7-1-4。

表 7-1-9 贵州茅台交易量和交易额统计表

	交易量		交易额	
	总和	平均	总和	平均
DATE				
2001-09-30	96 600 100	3.864 004e+06	3 452 132 330	1.380 853e+08
2001-12-31	59 224 800	9.708 984e+05	2 127 153 906	3.487 138e+07
2002-03-31	74 114 600	1.482 292e+06	2 777 494 015	5.554 988e+07
2002-06-30	29 185 000	4.946 610e+05	1 069 303 713	1.812 379e+07
2002-09-30	19 241 500	2.960 231e+05	621 981 237	9.568 942e+06
...	...	...	...	...
2020-06-30	162 861 400	2.760 363e+06	213 552 054 144	3.619 526e+09
2020-09-30	246 733 500	3.738 386e+06	414 209 789 440	6.275 906e+09
2020-12-31	190 540 900	3.175 682e+06	336 974 180 096	5.616 236e+09
2021-03-31	274 813 758	4.738 168e+06	585 327 847 938	1.009 186e+10
2021-06-30	203 637 352	3.393 956e+06	424 797 487 572	7.079 958e+09

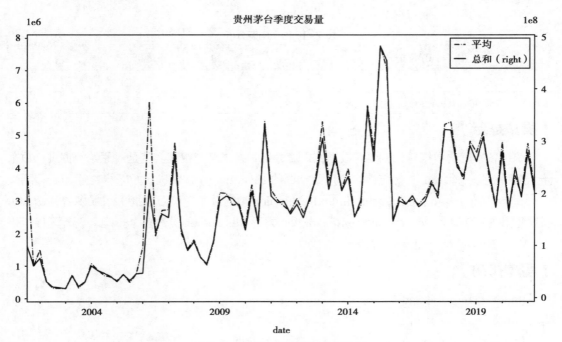

图 7-1-3 贵州茅台交易量折线图

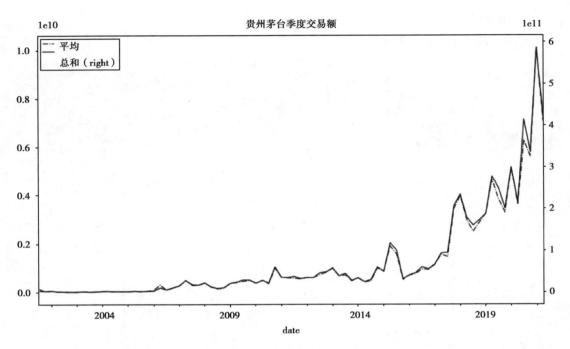

图 7-1-4   贵州茅台交易额折线图

【题前思考】

根据问题描述，填写表 7-1-10。

表 7-1-10   问题分析

问题描述	问题解答
如何将股价按季度分组	
如何对各季度的数据进行统计	

【操作提示】

统计各季度的数据首先就要对数据按季度分组，按季度分组其实就是对原始数据进行重采样，然后对每一个分组进行统计。调用数据框的 resample( ) 方法进行重采样之后，会得到一个 pandas.core.resample.DatetimeIndexResampler 类的对象，该对象提供了很多统计函数可以对分组进行统计。DatetimeIndexResampler 类是 Resampler 类的多个子类之一，为便于讲述，以后统称为 Resampler 类。

【程序代码】

```
import pandas as  pd
import numpy as np
from pylab  import  plt
plt.rcParams['font.sans-serif'] = ['SimHei']
plt.rcParams['axes.unicode_minus'] = False
df=pd.read_excel(r"D:\pydata\ 项目七 \ 股价 .xlsx",index_col=[0])        ①
df=df.query(' 名称 ==" 贵州茅台 "').loc[:'2021-6',[' 交易量 ',' 交易额 ']]        ②
```

```
df=df[[' 交易量 ',' 交易额 ']].resample('Q').agg([(' 总和 ',np.sum),(' 平均 ',np.mean)])     ③
print(df)
df.loc[:,' 交易量 '].plot(style=['k-.','k-'],figsize=(16,9),secondary_y=[' 总和 '],
              title=' 贵州茅台季度交易量 ')                                              ④
df.loc[:,' 交易额 '].plot(style=['k-.','k-'],figsize=(16,9),secondary_y=[' 总和 '],
              title=' 贵州茅台季度交易额 ')
plt.show()
```

【代码分析】

①：读入所有股票的股价数据，以第 0 列即日期作为行索引，日期作为行索引是时间序列的标志。

②：从所有股票中选出贵州茅台的交易量和交易额数据。query(' 名称 ==" 贵州茅台 "') 用于筛选贵州茅台的数据行，loc[:'2021-6',[' 交易量 ',' 交易额 ']] 取得 2021 年 6 月及以前的交易量和交易额数据，因为 7 月数据不完整所以跳过。

③：按季度对数据进行重采样，对每个分组中的交易量和交易额求和及求平均值。

• 调用 df[[' 交易量 ',' 交易额 ']].resample('Q') 方法按季度对数据进行重采样，Q 表示以 12 月最后一个日历日作为当年最后一个季度的标志。该方法返回 pandas.core.resample. DatetimeIndexResampler 类的对象，这个对象提供了 agg( ) 方法，此方法与 pandas.core. groupby.GroupBy 类对象的 agg( ) 方法相同，请查阅本书分组统计的相关内容。

• [(' 总和 ',np.sum),(' 平均 ',np.mean)] 表示对分组中每列进行求和及求平均值，并将结果列命名为 "总和" 和 "平均"。列表中的每一项表示一个统计操作，每一个统计操作由一个二元组表示。二元组的第一个元素表示结果列的名称，第二个元素表示进行统计操作的函数，这里分别调用 numpy.sum( ) 和 numpy.mean( ) 求和及求平均值。当然本例的操作也可以写为 [(' 总和 ','sum'),(' 平均 ','mean')]。

④：绘制交易量折线图。

• df.loc[:,' 交易量 '] 表示取数据框的交易量列，因为列是一个两级索引，所以取得的结果又是一个数据框，内容见表 7-1-11。

表 7-1-11　贵州茅台交易量统计表

	总和	平均
DATE		
2001-09-30	96 600 100	3.864 004e+06
2001-12-31	59 224 800	9.708 984e+05
2002-03-31	74 114 600	1.482 292e+06
2002-06-30	29 185 000	4.946 610e+05
2002-09-30	19 241 500	2.960 231e+05
…	…	…
2020-06-30	162 861 400	2.760 363e+06
2020-09-30	246 733 500	3.738 386e+06
2020-12-31	190 540 900	3.175 682e+06

续表

	总和	平均
DATE		
2021-03-31	274 813 758	4.738 168e+06
2021-06-30	203 637 352	3.393 956e+06

- 参数 secondary_y=[' 总和 '] 表示 "总和" 列数据绘制在第二 y 轴上面 (secondary_y)，也就是其以右边的纵轴为 y 轴。
- 参数 style=['k-.','k-'] 表示对第一条曲线使用黑色的点画线 (k-.)，对第二条曲线使用黑色实线 (k-)。

【技术全貌】

重采样类
Resampler

对时间序列进行重采样之后得到一个 Resampler 类的对象，它提供了很多对数据进行统计的方法，上例只用到了 agg( ) 这一个方法。灵活使用 Resampler 类的对象的方法，可以方便地对数据进行统计分析。表 7-1-12 列出了 Resampler 类的部分方法，更多的内容请参考官网文档。

表 7-1-12　Resampler 类

语法	解释
Resampler.apply(func, *args, **kwargs)	使用一个或多个函数沿指定的轴进行聚合运算
Resampler.aggregate(func, *args, **kwargs) 或者 Resampler.agg (func, *args, **kwargs)	使用一个或多个函数沿指定的轴进行聚合运算
Resampler.transform(arg, *args, **kwargs)	对每一个分组返回与分组形状相同的序列，序列的值是经过该方法转换后的值
Resampler.count( )	计算各个分组中非空值的个数
Resampler.nunique([_method])	去掉分组中的重复值后再返回
Resampler.first([_method, min_count])	取得分组中的第一个值
Resampler.last([_method, min_count])	取得分组中的最后一个值
Resampler.max([_method, min_count])	取得分组的最大值
Resampler.mean([_method])	取得分组的平均值
Resampler.median([_method])	取得分组的中位数
Resampler.min([_method, min_count])	取得分组的最小值
Resampler.ohlc([_method])	取得分组的第一个值、最大值、最小值和最后一个值
Resampler.prod([_method, min_count])	计算分组的累乘积
Resampler.size( )	计算分组的值的个数（含空值）
Resampler.sem([_method])	计算分组的平均标准误
Resampler.std([ddof])	计算分组的标准差
Resampler.sum([_method, min_count])	计算分组数值之和
Resampler.var([ddof])	计算分组数值的方差
Resampler.quantile([q])	计算分组的 q 分位数

按月统计贵州茅台收益率的最大值、最小值、平均值和标准差（见表7-1-13），并绘制它们的折线图（见图7-1-5）。

表 7-1-13　贵州茅台月收益率统计表

DATE	最大值	最小值	平均值	标准差
2007-01-31	0.072 360	-0.069 965	0.008 754	0.036 760
2007-02-28	0.036 661	-0.096 681	-0.011 002	0.036 147
2007-03-31	0.099 954	-0.029 553	0.003 825	0.029 243
2007-04-30	0.052 833	-0.039 238	0.000 743	0.024 362
2007-05-31	0.070 645	-0.066 380	0.005 130	0.038 580
...	...	...	...	...
2021-02-28	0.059 792	-0.069 911	0.000 888	0.038 071
2021-03-31	0.039 845	-0.050 000	-0.002 070	0.025 859
2021-04-30	0.057 471	-0.030 588	0.000 147	0.020 582
2021-05-31	0.059 485	-0.028 586	0.005 797	0.021 823
2021-06-30	0.020 910	-0.035 227	-0.003 029	0.016 070

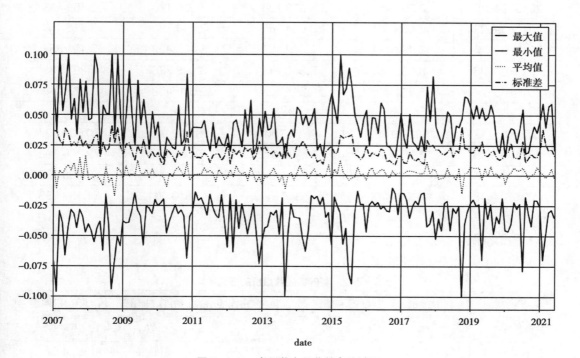

图 7-1-5　贵州茅台月收益率统计图

任务二　处理移动窗口

时间序列中的数据一般情况下都是不连续的，甚至中间还会出现空值。为了让时间序列曲线看起来更加连续，需要对时间序列数据进行平滑操作。最简单的平滑操作就是求时间序列数据的移动平均数据，用移动平均数据来代替真实值，实现数据的平滑。移动平均的计算方法也有很多种，最简单的移动平均就是算术移动平均，就是用从当前开始往前 n 个值的平均值作为移动平均值。处理移动平均的方法和函数统称移动窗口函数。

活动一　制作股票的移动平均线

【问题描述】

分别计算美的集团收盘价 5 日、20 日、120 日和 250 日的移动平均值，并绘制移动平均折线图。原始数据见表 7-2-1。

表 7-2-1　美的集团日线数据表

	开盘价	最高价	最低价	收盘价
DATE				
2013-09-18	2.095 452	3.668 786	1.930 120	2.559 453
2013-09-23	2.468 786	3.684 785	2.140 785	3.615 453
2013-09-24	3.426 119	3.602 119	3.135 452	3.191 452
2013-09-25	3.031 451	3.866 118	3.028 786	3.308 785
2013-09-26	3.202 119	3.314 118	2.615 453	2.762 118
…	…	…	…	…
2021-07-12	69.639 999	71.500 000	68.919 998	70.699 997
2021-07-13	70.779 999	73.330 002	70.580 002	72.800 003
2021-07-14	72.449 997	72.800 003	71.559 998	72.000 000
2021-07-15	72.000 000	72.349 998	70.610 001	71.169 998

• **输出结果：**

输出结果见表 7-2-2 和图 7-2-1。

表 7-2-2　美的集团收盘价的移动平均值

	收盘价	5 日均线	20 日均线	120 日均线	250 日均线
DATE					
2018-01-02	50.675 453	NaN	NaN	NaN	NaN
2018-01-03	50.095 451	NaN	NaN	NaN	NaN
2018-01-04	51.585 453	NaN	NaN	NaN	NaN

续表

	收盘价	5日均线	20日均线	120日均线	250日均线
DATE					
2018-01-05	52.255 451	NaN	NaN	NaN	NaN
2018-01-08	51.955 452	51.313 452	NaN	NaN	NaN
…	…	…	…	…	…
2021-07-12	70.699 997	69.779 999	71.789 999	82.712 634	79.494 880
2021-07-13	72.800 003	70.617 999	71.767 999	82.465 139	79.542 922
2021-07-14	72.000 000	70.939 999	71.617 999	82.217 311	79.581 204
2021-07-15	71.169 998	71.173 999	71.503 499	81.993 732	79.614 767
2021-07-16	69.699 997	71.273 999	71.298 499	81.757 154	79.644 049

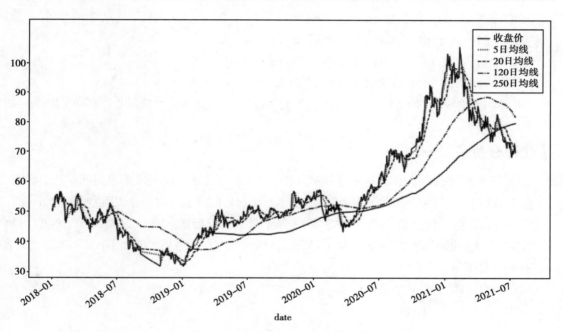

图 7-2-1　美的集团的移动平均线

【题前思考】

根据问题描述，填写表 7-2-3。

表 7-2-3　问题分析

问题描述	问题解答
如何建立时间序列的移动窗口	
怎样求移动窗口的平均值	

【操作提示】

数据框和序列对象都有 rolling( ) 方法，这个方法返回一个 pandas.core.window.rolling.
Rolling 类对象，这个对象与 pandas.core.resample.DatetimeIndexResampler 类对象和 pandas.

core.groupby.GroupBy 类对象非常相似，提供了很多统计方法，如求和、平均值、最大值和最小值等。与这两个类不同的地方在于，Rolling 类对象代表的窗口可以在数据框和序列上滚动，依次对各窗口中的值进行统计操作。

【程序代码】

```
import pandas as  pd
import numpy as np
from pylab  import  plt
plt.rcParams['font.sans-serif'] = ['SimHei']
plt.rcParams['axes.unicode_minus'] = False
df=pd.read_excel(r"D:\pydata\ 项目七 \ 股价 .xlsx",index_col=[0])          ①
df=df.query(' 名称 ==" 美的集团 "').loc['2018': ,' 收盘价 '].to_frame( )       ②
df['5 日均线 ']=df. 收盘价 .rolling(5).mean( )                               ③
df['20 日均线 ']=df. 收盘价 .rolling(20).mean( )
df['120 日均线 ']=df. 收盘价 .rolling(120).mean( )
df['250 日均线 ']=df. 收盘价 .rolling(250).mean( )
df.plot.line(style=['k-','k:','k--','k-.','k-'],figsize=(16,9),title=' 美的集团移动平均线 ') ④
print(df)
```

【代码分析】

①：读入所有股价数据，以第 0 列即时间作为行索引，以时间为行索引是时间序列的标志。

②：从股价数据中读出美的集团 2018 年 1 月 1 日后的收盘价数据并转换为数据框。

• loc['2018': ,' 收盘价 '] 表示取得 2018 年 1 月 1 日以后的收盘价数据，行下标的切片 "'2018': " 包括左边界 2018 年 1 月 1 日。得到的结果为一个序列，值如下：

```
date
2018-01-02    50.675 453
2018-01-03    50.095 451
2018-01-04    51.585 453
2018-01-05    52.255 451
2018-01-08    51.955 452
              ...
2021-07-12    70.699 997
2021-07-13    72.800 003
2021-07-14    72.000 000
2021-07-15    71.169 998
2021-07-16    69.699 997
```

• to_frame( ) 表示将序列转换为数据框，以序列的名称"收盘价"为列名，转换之后的结果见表 7-2-4。

表 7-2-4　美的集团收盘价

	收盘价
DATE	
2018-01-02	50.675 453
2018-01-03	50.095 451
2018-01-04	51.585 453
2018-01-05	52.255 451
2018-01-08	51.955 452
…	…
2021-07-12	70.699 997
2021-07-13	72.800 003
2021-07-14	72.000 000
2021-07-15	71.169 998
2021-07-16	69.699 997

③：产生收盘价 5 日移动平均值序列。

调用方法 df. 收盘价 .rolling(5) 产生 5 日移动窗口对象，这是一个 Rolling 类对象，参数 5 代表这个窗口的固定宽度，即有效数据的个数。注意窗口宽度不是时间的个数，窗口中的时间不一定是连续的，可能会有时间的缺失，如长度为 5 的时间窗口 [2018/1/2,2018/1/3,2018/1/4,2018/1/5,2018/1/8]，2018/1/5 和 2018/1/8 两个时间之间就缺少了 2018/1/6 和 2018/1/7。

移动窗口的右边界首先会放到序列的第一个数据上，前 4 个数据保持为空，然后对窗口内的数据执行统计操作 mean( )。因为有 4 个空值，所以得到的第一个移动平均值为 NaN，见表 7-2-5。

表 7-2-5　移动窗口初始位置

				2018/1/2	2018/1/3	2018/1/4	2018/1/5	2018/1/8	2018/1/9
NaN	NaN	NaN	NaN	50.675 453 19	50.095 451 35	51.585 453 03	52.255 451 2	51.955 451 97	53.775 451 66
				NaN					

完成第一轮计算之后，移动窗口往右移动，以第 2 个数据为右边界，这样第 1 个和第 2 个数据进入窗口，窗口的前 3 个数据仍为空，再进行统计操作 mean( )，仍然得到 NaN。以此类推，5 日均线的前 4 个值都为 NaN，从第 5 个值开始才有有效数据。2018/1/8 的移动平均值 51.313 452 148 437 5 是 2018/1/2 至 2018/1/8 之间 5 个有效数据 50.675 453 19、50.095 451 35、51.585 453 03、52.255 451 2、51.955 451 97 的平均值。计算过程见表 7-2-6。

表 7-2-6　移动窗口的第 5 个位置

				2018/1/2	2018/1/3	2018/1/4	2018/1/5	2018/1/8	2018/1/9
NaN	NaN	NaN	NaN	50.675 453 19	50.095 451 35	51.585 453 03	52.255 451 2	51.955 451 97	53.775 451 66
				NaN	NaN	NaN	NaN	51.313 452 148 437 5	

窗口的右边界用这个办法一直移动到序列的最后一个值，就得到了所有宽度为 5 的移动平均值，这些平均值构成的序列就是 5 日均线。20 日均线、120 日均线和 250 日均线的计算方法相同，不同的是它们窗口的宽度分别为 20、120 和 250。

④：依次绘制收盘价、5 日均线、20 日均线、120 日均线和 250 日均线的折线图，因为一共有 5 列数据，所以 style 参数是一个长度为 5 的列表，分别给出了各列数据对应折线的样式。

【优化提升】

从示例可以看出，窗口的右边界始终都是从第一个值开始的，这就导致前面的几个统计值会出现空值。当然，我们可以用 dropna( ) 方法去掉空值，不过 rolling( ) 提供了相关参数，可以减少前面的空值。rolling( ) 方法的 min_periods 参数代表最少的非空数据，当窗口内的非空值小于这个值时，统计结果为空值，然后窗口继续向右移动，直到数据个数达到 min_periods 参数值才开始进行统计计算。为便于讲述，将 min_periods 称为最短时期。

下面以求 5 日均线为例展示 min_periods 参数的作用过程。给 rolling( ) 方法加上参数 min_periods=3，表示至少需要 3 个数才开始进行统计计算。语句改写为 df['5 日均线 ']=df. 收盘价 .loc['2018':].rolling(5,min_periods=3).mean( )。

表 7-2-7　移动窗口的第 3 个位置

				2018/1/2	2018/1/3	2018/1/4	2018/1/5	2018/1/8	2018/1/9
NaN	NaN	NaN	NaN	50.675 453 19	50.095 451 35	51.585 453 03	52.255 451 2	51.955 451 97	53.775 451 66
				NaN	NaN	50.785 452 52			

表 7-2-8　移动窗口的第 4 个位置

				2018/1/2	2018/1/3	2018/1/4	2018/1/5	2018/1/8	2018/1/9
NaN	NaN	NaN	NaN	50.675 453 19	50.095 451 35	51.585 453 03	52.255 451 2	51.955 451 97	53.775 451 66
				NaN	NaN	50.785 452 52	51.152 952 19		

表 7-2-9　移动窗口的第 5 个位置

				2018/1/2	2018/1/3	2018/1/4	2018/1/5	2018/1/8	2018/1/9
NaN	NaN	NaN	NaN	50.675 453 19	50.095 451 35	51.585 453 03	52.255 451 2	51.955 451 97	53.775 451 66
				NaN	NaN	50.785 452 52	51.152 952 19	51.313 452 15	

在窗口处于第 1 个位置和第 2 个位置时，非空数据个数都不足 min_periods 参数指定的值 3，所以结果为 NaN，而第 3 个位置（见表 7-2-7）有 3 个非空数据，于是求出这 3 个数的平均值为 50.785 452 52。窗口移动到第 4 个位置（见表 7-2-8）时，窗口内有 4 个非空数据，大于 min_periods 参数指定的值 3，所以求出这 4 个数的平均值 51.152 952 19。到第 5 个位置（见表 7-2-9）时，窗口内的非空数据有 5 个，就求出这 5 个数的平均值 51.313 452 15。窗口继续往右移动，就求出了所有移动平均值。

采用同样的方法，给示例程序中的 rolling( ) 方法都加上参数 min_periods=3，程序代码如下：

```
import pandas as pd
import numpy as np
from pylab import plt
plt.rcParams['font.sans-serif'] = ['SimHei']
plt.rcParams['axes.unicode_minus'] = False
df=pd.read_excel(r"D:\pydata\ 项目七 \ 股价 .xlsx",index_col=[0])
df=df.query(' 名称 ==" 美的集团 "').loc['2018': ,' 收盘价 '].to_frame( )
df['5 日均线 ']=df. 收盘价 .rolling(5, min_periods=3).mean( )
df['20 日均线 ']=df. 收盘价 .rolling(20, min_periods=3).mean( )
df['120 日均线 ']=df. 收盘价 .rolling(120, min_periods=3).mean( )
df['250 日均线 ']=df. 收盘价 .rolling(250, min_periods=3).mean( )
df.plot(kind='line', figsize=(16,9))
plt.show( )
```

最后得到的结果只有前面两个是空值，见表 7-2-10 和图 7-2-2。

表 7-2-10 美的集团收盘价的移动平均值 (min_periods=3)

DATE	收盘价	5 日均线	20 日均线	120 日均线	250 日均线
2018-01-02	50.675 453	NaN	NaN	NaN	NaN
2018-01-03	50.095 451	NaN	NaN	NaN	NaN
2018-01-04	51.585 453	50.785 453	50.785 453	50.785 453	50.785 453
2018-01-05	52.255 451	51.152 952	51.152 952	51.152 952	51.152 952
2018-01-08	51.955 452	51.313 452	51.313 452	51.313 452	51.313 452
...	...	...	...	...	...
2021-07-12	70.699 997	69.779 999	71.789 999	82.712 634	79.494 880
2021-07-13	72.800 003	70.617 999	71.767 999	82.465 139	79.542 922
2021-07-14	72.000 000	70.939 999	71.617 999	82.217 311	79.581 204
2021-07-15	71.169 998	71.173 999	71.503 499	81.993 732	79.614 767
2021-07-16	69.699 997	71.273 999	71.298 499	81.757 154	79.644 049

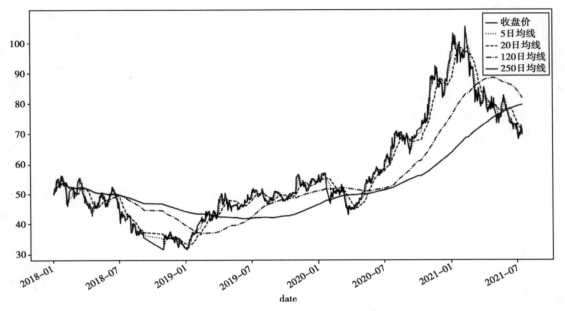

图 7-2-2　美的集团的移动平均线 (min_periods=3)

【技术全貌】

1. 扩展移动窗口

移动窗口的宽度是固定不变的，但是在进行统计的时候可能需要固定窗口的左边界，然后再不断移动窗口的右边界，直至到达序列的最后一个数。程序如下：

```
import pandas as pd
ep=pd.Series(1,pd.date_range('2021-8-1','2021-8-6'))
print(ep.expanding(min_periods=3).sum( ))
```

输出结果：

```
2021-08-01    NaN
2021-08-02    NaN
2021-08-03    3.0
2021-08-04    4.0
2021-08-05    5.0
2021-08-06    6.0
```

语句 ep=pd.Series(1,pd.date_range('2021-8-1','2021-8-10')) 产生如下的时间序列，并赋值给 ep。

```
2021-08-01    1
2021-08-02    1
2021-08-03    1
2021-08-04    1
2021-08-05    1
2021-08-06    1
```

语句 ep.expanding(min_periods=3).sum( ) 的执行过程见表 7-2-11 至表 7-2-14。

表 7-2-11　扩展窗口的第 3 个位置

2021/8/1	2021/8/2	2021/8/3	2021/8/4	2021/8/5	2021/8/6
1	1	1	1	1	1
NaN	NaN	3			

表 7-2-12　扩展窗口的第 4 个位置

2021/8/1	2021/8/2	2021/8/3	2021/8/4	2021/8/5	2021/8/6
1	1	1	1	1	1
NaN	NaN	3	4		

表 7-2-13　扩展窗口的第 5 个位置

2021/8/1	2021/8/2	2021/8/3	2021/8/4	2021/8/5	2021/8/6
1	1	1	1	1	1
NaN	NaN	3	4	5	

表 7-2-14　扩展窗口的第 6 个位置

2021/8/1	2021/8/2	2021/8/3	2021/8/4	2021/8/5	2021/8/6
1	1	1	1	1	1
NaN	NaN	3	4	5	6

　　第 1 个位置和第 2 个位置窗口中的非空数据个数都小于参数 min_periods 指定的 3，所以求和的结果为 NaN，第 3 个位置的非空数据个数为 3，求和的结果就是窗口中 3 个值的和为 3。然后扩展窗口的右边界至第 4 个数，到达了第 4 个位置，求和为 4。以此类推，当窗口的右边界到达最后一个值时，计算结束。

2.Rolling 类对象的统计方法

　　使用 rolling( ) 方法会返回一个 Rolling 类的对象，该对象提供了很多统计方法对窗口中的数据进行统计，常用统计方法见表 7-2-15。要查看全部统计方法请查阅官方文档。

表 7-2-15　Rolling 类统计方法

语句	解释
Rolling.count( )	统计窗口中非空值的个数
Rolling.sum(*args[, engine, engine_kwargs])	计算窗口中非空值之和
Rolling.mean(*args[, engine, engine_kwargs])	计算窗口中非空值的平均值
Rolling.median([engine, engine_kwargs])	计算窗口中的中位数
Rolling.var([ddof])	计算窗口中非空值的方差
Rolling.std([ddof])	计算窗口中非空值的标准差
Rolling.min(*args[, engine, engine_kwargs])	计算窗口中的最小值

续表

语句	解释
Rolling.max(*args[, engine, engine_kwargs])	计算窗口中的最大值
Rolling.corr([other, pairwise, ddof])	计算窗口中序列与参数 other 之间的相关系数矩阵
Rolling.cov([other, pairwise, ddof])	计算窗口中序列与参数 other 之间的协方差矩阵
Rolling.skew(**kwargs)	计算窗口中序列的偏度
Rolling.kurt(**kwargs)	计算窗口中序列的峰度
Rolling.apply(func[, raw, engine, …])	对窗口中的序列调用 apply 方法进行聚合
Rolling.aggregate(func, *args, **kwargs)	对窗口中的序列调用 aggregate 方法进行聚合
Rolling.quantile(quantile[, interpolation])	计算窗口中序列的 quantile 分位数值
Rolling.sem([ddof])	计算窗口中序列的标准误

一展身手

从文件"pydata\ 项目七 \ 股价 .xlsx"中读取并筛选美的集团的交易量和交易额数据，内容见表 7-2-16。

表 7-2-16　美的集团交易量和交易额

	交易量	交易额
DATE		
2018-01-02	32 972 500	1 866 579 456
2018-01-03	42 836 800	2 412 128 000
2018-01-04	40 555 700	2 306 429 696
2018-01-05	37 185 400	2 137 344 256
2018-01-08	36 788 400	2 115 094 016
…	…	…
2021-07-12	40 495 549	2 860 148 826
2021-07-13	47 453 241	3 430 086 441
2021-07-14	33 405 515	2 405 155 834
2021-07-15	31 970 243	2276242685
2021-07-16	45 691 025	3 180 537 683

计算美的集团从 2018 年 1 月 2 日至 2021 年 7 月 16 日的交易量和交易额的移动平均值，窗口宽度为 20，min_periods 为 1，输出数据框的值并绘制折线图。结果见表 7-2-17 和图 7-2-3。

表 7-2-17　美的集团交易量和交易额 20 日均线

	交易量	交易额
DATE		
2018-01-02	3.297 250e+07	1.866 579e+09
2018-01-03	3.790 465e+07	2.139 354e+09

续表

	交易量	交易额
DATE		
2018-01-04	3.878 833e+07	2.195 046e+09
2018-01-05	3.838 760e+07	2.180 620e+09
2018-01-08	3.806 776e+07	2.167 515e+09
…	…	…
2021-07-12	4.100 843e+07	2.932 037e+09
2021-07-13	4.115 159e+07	2.941 276e+09
2021-07-14	4.057 335e+07	2.893 539e+09
2021-07-15	4.067 541e+07	2.896 641e+09
2021-07-16	4.101 906e+07	2.914 102e+09

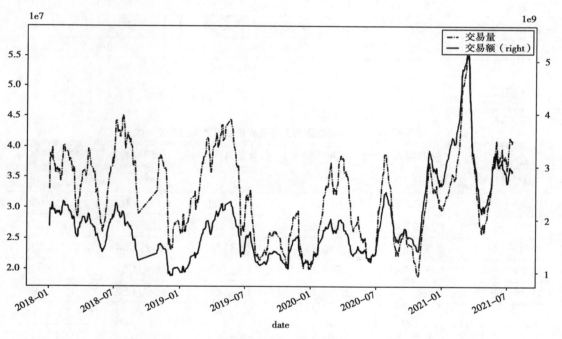

图 7-2-3　美的集团交易量和交易额 20 日均线

 活动二　制作股票价格与上证指数间的收益相关图

微课

【问题描述】

请计算中芯国际、云南白药、海康威视、美的集团、贵州茅台这 5 只股票 2020 年及以后的收益率与上证指数收益率之间的相关系数并绘制折线图，窗口宽度为 120，最短时期为 20。相关系数反映两个变量之间的线性相关性，相关系数的取值范围是 [-1,1]，如果值为正表示两个变量同向变化，反之则反向变化。

股价数据见表 7-2-18。

表 7-2-18　股票价格表

DATE	名称	开盘价	最高价	最低价	收盘价	收益率
2001-08-27	贵州茅台	-88.928 917	-88.213 066	-89.292 313	-88.701 248	0.000 000
2001-08-28	贵州茅台	-88.823 837	-88.383 820	-88.907 028	-88.414 467	0.036 850
2001-08-29	贵州茅台	-88.388 199	-88.383 820	-88.580 841	-88.519 547	-0.013 022
2001-08-30	贵州茅台	-88.541 435	-88.272 171	-88.602 737	-88.361 931	0.019 791
2001-08-31	贵州茅台	-88.350 983	-88.248 093	-88.427 605	-88.381 630	-0.002 426
…	…	…	…	…	…	…
2021-07-12	中芯国际	56.880 001	57.360 001	55.680 000	56.610 001	-0.005 271
2021-07-13	中芯国际	56.610 001	57.740 002	56.410 000	57.040 001	0.007 596
2021-07-14	中芯国际	57.049 999	57.250 000	55.950 001	56.000 000	-0.018 233
2021-07-15	中芯国际	56.020 000	56.150 002	55.049 999	55.169 998	-0.014 821
2021-07-16	中芯国际	55.779 999	56.189 999	54.000 000	54.029 999	-0.020 663

• 输出结果：

输出结果见表 7-2-19 和图 7-2-4。

表 7-2-19　股票收益率与上证指数收益率之间的相关系数

名称	中芯国际	云南白药	海康威视	美的集团	贵州茅台
DATE					
2020-08-12	0.505 447	0.521 994	0.637 101	0.687 682	0.710 631
2020-08-13	0.505 548	0.521 480	0.644 817	0.687 594	0.712 274
2020-08-14	0.506 510	0.518 317	0.643 255	0.685 984	0.711 532
2020-08-17	0.500 382	0.516 158	0.638 857	0.680 051	0.712 860
2020-08-18	0.493 714	0.515 778	0.634 960	0.680 852	0.715 496
…	…	…	…	…	…
2021-07-12	0.406 034	0.587 448	0.609 861	0.491 791	0.640 411
2021-07-13	0.400 473	0.578 412	0.600 913	0.481 962	0.635 491
2021-07-14	0.404 273	0.573 296	0.600 134	0.482 201	0.636 065
2021-07-15	0.408 584	0.563 347	0.597 745	0.470 405	0.637 195
2021-07-16	0.417 849	0.566 281	0.600 256	0.472 979	0.642 149

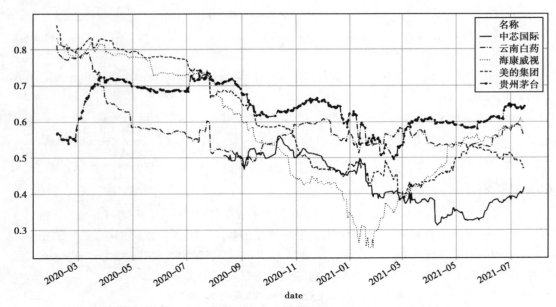

图 7-2-4　股票收益率与上证指数收益率之间的相关系数

【题前思考】

根据问题描述，填写表 7-2-20。

表 7-2-20　问题分析

问题描述	问题解答
怎样读取 Excel 表中的指定列	
如何将不同股票的价格分割成多列	
怎样计算股票收益率与上证指数收益率之间的相关系数	

【操作提示】

默认情况下读取 Excel 文件时都是读取所有的列，如果只需要读取其中一部分列，可以使用 read_excel( ) 函数的 usecols 参数指定要读取的列。因为多只股票的数据在一个 Excel 文件中，要将不同股票的价格分割成多列，可以使用展开操作，将列旋转成行。为了求得股票收益率与上证指数收益率之间的相关系数，需要调用 Rolling 类的 corr( ) 方法分别求各窗口中的股票收益率数据与上证指数相应收益率之间的相关系数。

【程序代码】

```
import pandas as pd
from pylab import plt
plt.rcParams['font.sans-serif'] = ['SimHei']
plt.rcParams['axes.unicode_minus'] = False
stocks=pd.read_excel(r"D:\pydata\项目七\股价.xlsx",index_col=[0,1],usecols=['date',
'名称','收益率'])                                                          ①
index=pd.read_excel(r"D:\pydata\项目七\指数.xlsx",index_col=[0],usecols=['date',
```

```
                                                              'close'])                                                    ②
stocks=stocks.unstack( ).loc['2020'∶,'收益率']                                                                          ③
index=index.pct_change( )                                                                                            ④
res=stocks.rolling(120,min_periods=20).corr(index.close)[lambda x∶x.notnull( ).all(1)]⑤
print(res)
res.plot.line(style=['k-','k-.','k∶','k--','k-..'],figsize=(16,9),grid=True,
                title=' 股票收益率与上证指数收益率间的相关系数 ')
plt.show( )
```

【代码分析】

①：从文件"股价 .xlsx"中读取列"date""名称""收益率"，并将"date""名称"列作为行索引。usecols=['date',' 名称 ',' 收益率 '] 指出要读取的列名称，也可以是列的序号。index_col=[0,1] 表示将 usecols 这个列表中的第 0 列和第 1 列作为行索引，也就是将"date""名称"列作为行索引，构成一个两级索引。读取的数据框见表 7-2-21。

表 7-2-21　从 Excel 文件中读取的股票收益率

		收益率
DATE	名称	
2001-08-27	贵州茅台	0.000 000
2001-08-28	贵州茅台	0.036 850
2001-08-29	贵州茅台	-0.013 022
2001-08-30	贵州茅台	0.019 791
2001-08-31	贵州茅台	-0.002 426
...	...	...
2021-07-12	中芯国际	-0.005 271
2021-07-13	中芯国际	0.007 596
2021-07-14	中芯国际	-0.018 233
2021-07-15	中芯国际	-0.014 821
2021-07-16	中芯国际	-0.020 663

②：从文件"指数 .xlsx"中读取收盘价数据，并将"date"设为行索引。读取到的指数数据见表 7-2-22。

表 7-2-22　上证指数收盘值

	CLOSE
DATE	
1990-12-19	99.980
1990-12-20	104.390
1990-12-21	109.130
1990-12-24	114.550
1990-12-25	120.250

续表

	CLOSE
DATE	
...	...
2021-07-12	3 547.836
2021-07-13	3 566.523
2021-07-14	3 528.501
2021-07-15	3 564.590
2021-07-16	3 539.304

③：将股票名称展开，即旋转到行，并取得 2020 年 1 月 1 日之后的收益率数据。

• stocks.unstack() 表示展开最后一级行索引，即名称索引，得到的数据框见表 7-2-23。

表 7-2-23　展开后的股票收益率表

	收益率				
名称	中芯国际	云南白药	海康威视	美的集团	贵州茅台
DATE					
1993-12-15	NaN	0.000 000	NaN	NaN	NaN
1993-12-16	NaN	0.014 493	NaN	NaN	NaN
1993-12-17	NaN	-0.004 762	NaN	NaN	NaN
1993-12-20	NaN	-0.062 201	NaN	NaN	NaN
1993-12-21	NaN	-0.020 408	NaN	NaN	NaN
...	...	...	...	...	...
2021-07-12	-0.005 271	0.005 571	0.037 111	0.021 676	-0.005 634
2021-07-13	0.007 596	0.022 829	0.000 479	0.029 703	0.011 168
2021-07-14	-0.018 233	0.003 082	-0.007 025	-0.010 989	-0.010 540
2021-07-15	-0.014 821	-0.011 265	0.018 492	-0.011 528	0.018 344
2021-07-16	-0.020 663	-0.014 501	-0.005 368	-0.020 655	-0.021 066

• loc['2020':, ' 收益率 '] 表示选取 2020 年 1 月 1 日之后的收益数据。选取 "收益率" 列将原数据框的两级列索引变成了单索引。经过行列筛选之后的数据框见表 7-2-24。

表 7-2-24　筛选之后的股票收益率表

名称	中芯国际	云南白药	海康威视	美的集团	贵州茅台
DATE					
2020-01-02	NaN	-0.001 342	0.035 736	0.025 751	-0.044 801
2020-01-03	NaN	-0.002 351	0.007 667	-0.024 937	-0.045 522
2020-01-06	NaN	-0.011 672	0.007 024	-0.018 194	-0.000 529
2020-01-07	NaN	0.005 678	-0.000 291	0.014 860	0.015 343
2020-01-08	NaN	-0.011 631	-0.009 302	0.003 962	-0.005 838

续表

名称	中芯国际	云南白药	海康威视	美的集团	贵州茅台
DATE					
...	...	...	...	...	...
2021-07-12	-0.005 271	0.005 571	0.037 111	0.021 676	-0.005 634
2021-07-13	0.007 596	0.022 829	0.000 479	0.029 703	0.011 168
2021-07-14	-0.018 233	0.003 082	-0.007 025	-0.010 989	-0.010 540
2021-07-15	-0.014 821	-0.011 265	0.018 492	-0.011 528	0.018 344
2021-07-16	-0.020 663	-0.014 501	-0.005 368	-0.020 655	-0.021 066

表 7-2-25　上证指数收益率

	CLOSE
DATE	
1990-12-19	NaN
1990-12-20	0.044 109
1990-12-21	0.045 407
1990-12-24	0.049 666
1990-12-25	0.049 760
...	...
2021-07-12	0.006 739
2021-07-13	0.005 267
2021-07-14	-0.010 661
2021-07-15	0.010 228
2021-07-16	-0.007 094

④：计算指数的收益率，计算方法为

$$\frac{当前数据 - 上一数据}{上一数据}$$

上证指数的收益率数据见表 7-2-25。

⑤：计算股票收益率与上证指数收益率之间的相关系数。

• rolling(120,min_periods=20) 表示调用数据框的 rolling( ) 方法以 120 为宽度，20 为最短时期建立移动窗口。移动窗口的固定宽度为 120，如果窗口中的非空值个数大于等于 20 调用后面的统计方法计算相关系数，反之返回空值。

• corr(index.close) 表示为每一个移动窗口计算窗口中的股票收益率与上证指数收益率之间的相关系数。计算时,会自动用两个序列的行索引进行对齐。如"云南白药"列在某个窗口中的索引为 2019-02-26 至 2019-08-19，则在计算相关系数时，会与上证指数收益率序列中索引为 2019-02-26 至 2019-08-19 的值进行匹配计算相关系数。得到的结果见表 7-2-26。

表 7-2-26　股票收益率与上证指数收益率之间的相关系数

名称	中芯国际	云南白药	海康威视	美的集团	贵州茅台
DATE					
2020-01-02	NaN	NaN	NaN	NaN	NaN
2020-01-03	NaN	NaN	NaN	NaN	NaN
2020-01-06	NaN	NaN	NaN	NaN	NaN
2020-01-07	NaN	NaN	NaN	NaN	NaN
2020-01-08	NaN	NaN	NaN	NaN	NaN
...	...	...	...	...	...
2021-07-12	0.406 034	0.587 448	0.609 861	0.491 791	0.640 411

续表

名称	中芯国际	云南白药	海康威视	美的集团	贵州茅台
DATE					
2021-07-13	0.400 473	0.578 412	0.600 913	0.481 962	0.635 491
2021-07-14	0.404 273	0.573 296	0.600 134	0.482 201	0.636 065
2021-07-15	0.408 584	0.563 347	0.597 745	0.470 405	0.637 195
2021-07-16	0.417 849	0.566 281	0.600 256	0.472 979	0.642 149

• corr(index.close)[lambda x∶x.notnull( ).all(1)] 的作用是过滤掉含有空值的行。在 [ ] 中使用函数，表示以该数据框为参数调用这个函数，也就是说语句中的 x 就是 corr(index.close) 调用之后返回的相关系数数据框。x.notnull( ) 返回一个与 x 同结构的逻辑值数据框，如果相应的值不为空则值为 True，反之为 False。x.notnull( ) 的执行结果见表 7-2-27。

表 7-2-27　x.notnull( ) 的执行结果

名称	中芯国际	云南白药	海康威视	美的集团	贵州茅台
DATE					
2020-01-02	False	False	False	False	False
2020-01-03	False	False	False	False	False
2020-01-06	False	False	False	False	False
2020-01-07	False	False	False	False	False
2020-01-08	False	False	False	False	False
…	…	…	…	…	…
2021-07-12	True	True	True	True	True
2021-07-13	True	True	True	True	True
2021-07-14	True	True	True	True	True
2021-07-15	True	True	True	True	True
2021-07-16	True	True	True	True	True

x.notnull( ).all(1) 返回一个与 x 行数相同的序列，如果一行上的值全为 True，则这行对应的返回值为 True，反之为 False，参数 1 表示对水平方向的数据即一行数据进行判断。计算结果如下：

```
date
2020-01-02    False
2020-01-03    False
2020-01-06    False
2020-01-07    False
2020-01-08    False
          …
```

```
2021-07-12    True
2021-07-13    True
2021-07-14    True
2021-07-15    True
2021-07-16    True
Length: 373, dtype: bool
```

最后使用这个序列选择数据框中的行，与序列值 True 对应的行会被选出来构成一个新的数据框，如 2021-07-12 对应的序列值为 True，则数据框中索引为 2021-07-12 的行就会被选中进入新数据框。用这个方式就可以筛选出不含空值的相关系数表。

【优化提升】

在示例中删除空值的操作可以使用数据框的 dropna() 方法，语句可以改为：

stocks.rolling(120,min_periods=20).corr(index.close).dropna(how='any',axis=0)

dropna() 方法的参数 axis=0 表示沿 0 轴即纵轴从上往下逐行进行检查，参数 how='any' 表示只要一行中有一个值是空值就删除这一行。

一展身手

请计算中芯国际、云南白药、海康威视、美的集团、贵州茅台这五只股票 2020 年及以后的周平均收益率与上证指数周平均收益率之间的相关系数（见表 7-2-28）并绘制折线图（见图 7-2-5），移动窗口宽度为 24，最短时期为 4。

表 7-2-28　股票周平均收益率与上证指数周平均收益率之间的相关系数

名称	中芯国际	云南白药	海康威视	美的集团	贵州茅台
DATE					
2020-12-27	0.406 575	0.082 195	0.227 597	0.038 967	0.523 636
2021-01-03	0.420 945	0.100 780	0.223 564	0.040 600	0.496 018
2021-01-10	0.450 142	0.216 672	0.297 650	0.061 517	0.515 276
...	...	...	...	...	...
2021-07-04	0.362 969	0.453 845	0.285 335	0.252 159	0.367 656
2021-07-11	0.340 528	0.468 621	0.330 750	0.283 219	0.388 938
2021-07-18	0.308 257	0.454 556	0.336 586	0.269 769	0.371 367

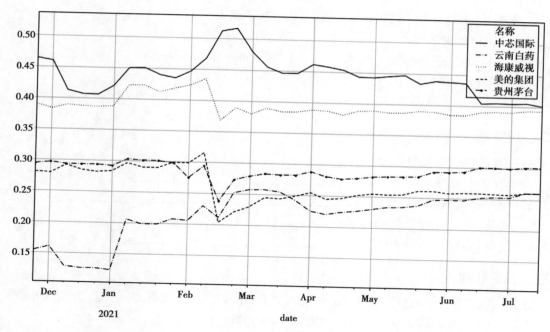

图 7-2-5　股票周平均收益率与上证指数周平均收益率之间的相关系数

项目小结

　　时间序列是以时间为索引的序列或数据框，现实世界中有很多数据都是时间序列。pandas 为处理时间序列提供了很多函数和类。resample( ) 方法可以按需要的频率如日、月、季、年、时、分、秒来对数据进行重采样操作，对每一个分组产生一个 Resampler 类对象，由它对各分组进行如求平均值、求和等统计操作。为了对时间序列进行平滑操作，pandas 提供了移动窗口操作，rolling( ) 方法和 expanding( ) 方法都可以创建移动窗口，然后对各移动窗口进行统计操作。rolling( ) 方法会为每个窗口产生一个 Rolling 类对象，expanding( ) 方法会产生 Expanding 类对象，这两个对象与 groupby( ) 方法产生的 DataFrameGroupBy 类对象是类似的，提供了很多统计方法。

自我检测

一、选择题

1. 以下表示周的频率字符串是（　　　　）。
　　A. "W"　　　　　　　B. "B"　　　　　　　C. "Q"　　　　　　D. "A"
2. 频率字符串 "M" 表示以月份的（　　　　）作为这个月的标志。
　　A. 第一天　　　　　B. 最后一天　　　　　C. 第 15 天　　　　D. 系统决定的日期
3. 以下表示求平均值的方法是（　　　　）。
　　A. avg( )　　　　　　B. average( )　　　　C. mean( )　　　　D. var( )

4. 以下关于 rolling( ) 方法和 expanding( ) 方法的说法错误的是（　　　）。

    A. 它们都是移动窗口方法　　　　　　　　B. 它们都有固定宽度

    C. rolling( ) 方法会同时移动左右边界　　　D. expanding( ) 方法只移动右边界

5. Rolling 类没有的方法是（　　　）。

    A. sum( )　　　　　　B. mean( )　　　　　　C. corr( )　　　　　　D. split ( )

二、填空题

1. 时间序列是索引为时间的_____和_____。

2. 对时间序列进行重采样的方法是_____。

3. 对时间序列进行移动窗口操作的方法是_____和_____。

4. Resampler 类中求分组平均值的方法是_____。

5. Rolling 类中求相关系数的方法是_____。

三、编写程序

1. 请计算中芯国际、云南白药、海康威视、美的集团、贵州茅台这 5 只股票 2020 年及以后的周移动平均股价，并用折线图绘制出来，窗口宽度为 24，最短时期为 4。

2. 分别计算上证指数的周、月、季收盘价数据，并用折线图绘制。

3. 请计算中芯国际、云南白药、海康威视、美的集团、贵州茅台这 5 只股票 80% 分位数的日收益率，采用宽度为 60 的移动窗口，最短时期为 20。

 项目评价

任务	标准	配分 / 分	得分 / 分
对时间序列采样	能描述 resample( ) 函数的作用和各参数的含义	10	
	能描述频率字符串的含义	10	
	能描述 Resampler 类常用方法的作用	10	
	能使用 resample( ) 方法按指定频率对时间序列进行重采样并统计出结果	20	
处理移动窗口	能描述 rolling( ) 方法的作用和各参数的含义	10	
	能描述 expanding( ) 方法的作用和各参数的含义	10	
	能描述 Rolling 类和 Expanding 类常用方法的作用	10	
	能用 rolling( ) 方法和 expanding( ) 方法按要求进行移动窗口统计	20	
总分		100	

微信之父——张小龙

张小龙毕业于华中科技大学电信系，分别获得学士、硕士学位。曾开发国产电子邮件客户端——Foxmail，后开发微信，被誉为"微信之父"。

1997 年，Foxmail 在他手中诞生，造福了 400 万邮箱用户；2007 年，他带领团队锐意创新，以七星级的产品追求重塑了 QQ 邮箱，使这一产品起死回生；2010 年，他成功开发微信这一划时代的产品；2013 年，他继续完善微信，增加了更多人性化的功能，搭建了微信生态圈，其亿级用户遍布世界。

项目八　综合应用

在现实生活中，进行数据分析时，往往需要多维度分析数据，使结果更准确。

每年高考填志愿时，考生及家长都会分析高校历年的录取数据，分析学校的录取分数线、专业的录取分数线、录取平均分、录取最高分等数据，为自己填报志愿提供参考信息。现有2007—2017年高校的部分录取数据共计23万余条，数据信息包括专业、学校、平均分、最高分、考生地区、文理科、年份、批次、是否本部及本部附属医学院、专业在大学内排名、专业在大学内排名得分、专业在省内排名、专业在省内排名得分。请根据提供的数据，运用 pandas 分析高校录取分数线，并使用 matplotlib 对数据进行可视化分析。

知识目标：

能描述 pivot_table( ) 函数和 groupby( ) 方法的功能及各参数的含义；

能描述 plot( ) 方法、bar( ) 方法各参数的含义。

技能目标：

能使用 pivot_table( ) 函数建立数据透视表；

能使用 groupby( ) 方法分组统计；

能使用 plot( ) 方法、bar( ) 方法绘制折线图和柱状图，并使用颜色映射表设置颜色；

能使用 autofmt_xdate( ) 方法旋转坐标轴刻度标签。

思政目标：

培养钻研大数据技术的热情。

任务一　使用数据透视表统计数据

在 2007—2017 年部分高校的录取数据表（"school.csv"）中，包含多所学校多维度的信息，表 8-1-1 所示的是本数据表中的前 10 条数据。

表 8-1-1　"school.csv" 数据表中的部分数据

	专业	学校	平均分	最高分	考生地区	文理科	年份	批次	是否本部及本部附属医学院	专业在大学内排名	专业在大学内排名得分	专业在省内排名	专业在省内排名得分
0	会计学	厦门大学	548	548	广西	文科	2016	第一批	1	1	1	1	1
1	社会学类	西北农林科技大学	570	583	广西	文科	2016	第一批	1	1	1	2	0.992 248 06
2	经济学类	中国农业大学	571	582	广西	文科	2016	第一批	1	1	1	3	0.984 496 12
3	历史学类	兰州大学	576	585	广西	文科	2016	第一批	1	1	1	4	0.976 744 19
4	法学	西北农林科技大学	581	585	广西	文科	2016	第一批	1	2	0	5	0.968 992 25
5	广告学	吉林大学	582	597	广西	文科	2016	第一批	1	1	1	6	0.961 240 31
6	英语	兰州大学	584	595	广西	文科	2016	第一批	1	2	0.666 6 66 67	7	0.953 488 37
7	哲学	兰州大学	586	588	广西	文科	2016	第一批	1	3	0.333 3 33 33	8	0.945 736 43
8	文化产业管理	中国海洋大学	587	591	广西	文科	2016	第一批	1	1	1	9	0.937 984 5
9	法学	兰州大学	588	591	广西	文科	2016	第一批	1	4	0	10	0.930 232 56

数据表中的一条数据表示一所大学某年在一个地区的一个专业的录取分数情况。表 8-1-1 中的第一条数据表示厦门大学 2016 年在广西录取的会计学专业学生的分数情况，其中所有被录取学生的平均分为 548 分，最高分也为 548 分。

微课

活动一　统计平均录取分数最高的前 10 所学校

【问题描述】

利用 2007—2017 年全国部分高校的录取数据（"school.csv"），统计表中各学校各年所有地区所有专业的平均录取分数之平均值，同时计算出各校 11 年的平均录取分数（即"历年平均"），对"历年平均"按降序排序，输出"历年平均"排名前 10 名高校的 2016 年和

2017 年平均录取分数，并使用柱状图对数据进行可视化展示。

- 输出结果：

输出结果见表 8-1-2 和图 8-1-1。

表 8-1-2　排名前 10 名高校的 2016 年和 2017 年平均录取分数

年份 学校	2016	2017
清华大学	675.017 668	669.352 941
北京大学	657.943 231	647.438 272
中国科学技术大学	648.400 000	633.673 469
浙江大学	638.600 000	653.500 000
上海交通大学	631.875 000	642.674 419
中国人民大学	635.713 656	638.116 183
北京航空航天大学	648.804 979	NaN
南京大学	620.747 024	622.833 333
复旦大学	636.363 636	632.337 500
南开大学	621.307 692	618.685 714

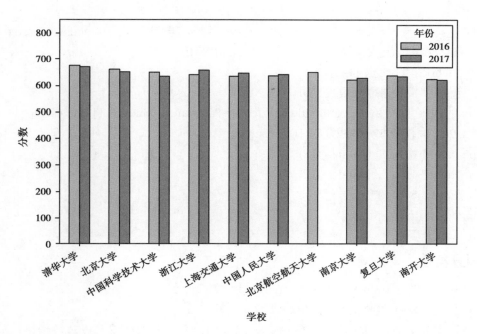

图 8-1-1　排名前 10 的 2016 年及 2017 年录取分数柱状图

备注：表中缺少 2017 年北京航空航天大学的录取数据，所以该校 2017 年的柱状图未显示。

【题前思考】

根据问题描述，填写表 8-1-3。

表 8-1-3   问题分析

问题描述	问题解答
一所学校有多个专业，每个专业每年都有自己的录取分数线，如何求一所学校各年的平均录取分数线，使用哪个函数计算	
使用哪个函数对数据排序？升序、降序排序的参数是什么	
在图形可视化过程中，柱状图的参数是什么？x 坐标标签和 y 坐标标签怎样设置	

【操作提示】

本活动分为 3 个操作步骤：首先计算各学校每个年份所有地区所有专业的平均录取分数及"历年平均"录取分数。其次，对"历年平均"录取分数最高的前 10 所学校，取出 2016 年和 2017 年的数据。最后，使用 pyplot 模块绘制柱状图。

【程序代码】

```
import pandas as pd
import matplotlib.pyplot as mp                                                    ①
mp.rcParams['font.sans-serif'] = ['SimHei']                                       ②
data = pd.read_csv(r"D:\pydata\项目八\school.csv", engine='python')               ③
school_score = pd.pivot_table(data=data, index='学校', columns='年份', values='平均分',
    aggfunc='mean', margins=True, margins_name='历年平均')                        ④
school_score_sort = school_score[:-1].sort_values(by='历年平均', ascending=False)[:10] ⑤
school_score_sort_2year = school_score_sort[[2016, 2017]]                          ⑥
print(school_score_sort_2year)
mp.figure("高校录取分数线 TOP10")                                                ⑦
school_score_sort_2year.plot(kind='bar', color=['magenta', 'blueviolet'], edgecolor='black')⑧
mp.title(" 高校录取分数线 TOP10", fontsize=16)
mp.xlabel(" 学校 ", fontsize=12)
mp.ylabel(" 分数 ", fontsize=12)
mp.ylim(0, 850)                                                                   ⑨
mp.gcf().autofmt_xdate()                                                          ⑩
mp.show()
```

【代码分析】

①：导入绘图 matplotlib 模块的 pyplot 模块。

②：修改图表中的字体为 SimHei，即微软雅黑。

③：读取 scv 格式的文件，保存到变量 data 中，文件读取后就可以对数据进行分析。engine='python' 表示读取文件的引擎为 python 引擎。

④：调用 pivot_table() 函数为数据框 data 建立数据透视表，其中行索引为 index='学校'，列索引为 columns='年份'，对"平均分"所在列（values='平均分'）求平均值（aggfunc='mean'），即对数据框按学校和年份分组，计算各分组中平均分的平均值再将年份列展开到行。margins=True 表示对各行和各列数据进行汇总，再求各行和各列的平均值，汇总后的列为"历年平均"。最后将数据透视表保存在变量 school_score 中，得到的数据见表 8-1-4 所示。

表 8-1-4　汇总数据后的统计表

年份	2007	2008	2009	…	2016	2017	历年平均
学校							
上海交通大学	646.889 306	629.036 697	632.233 684	…	631.875 000	642.674 419	633.169 404
上海交通大学医学院	NaN	NaN	616.873 239	…	NaN	NaN	623.438 735
东北大学	NaN	NaN	NaN	…	578.368 852	558.357 143	575.552 047
东南大学	614.896 175	591.421 806	597.955 086	…	617.122 905	610.714 286	605.567 555
中南大学	NaN	NaN	573.813 187	…	590.922 515	578.175 799	585.413 828
…	…	…	…	…	…	…	…
西北工业大学	609.861 194	584.370 717	586.713 650	…	596.427 160	585.677 494	594.821 507
西安交通大学	NaN	NaN	NaN	…	621.912 442	615.031 250	616.226 291
重庆大学	595.704 776	576.811 665	575.806 564	…	595.470 426	584.288 973	584.892 715
总计	622.189 012	605.856 792	596.173 174	…	603.825 497	592.947 777	603.538 463

⑤：对数据 school_score[:-1] 进行排序。因为数据透视表中的最后一行是汇总行，不参与排序，所以在排序前将其剔除。排序的方法为 sort_values( )，by=' 历年平均 ' 表示按 ' 历年平均 ' 这列数据进行排序，ascending=False 表示排序的方式为降序，[:10] 表示取前 10 行的数据保存到变量 school_score_sort 中，得到的数据见表 8-1-5。

表 8-1-5　排序后得到的数据

年份	2007	2008	2009	…	2016	2017	历年平均
学校							
清华大学	673.598 291	661.736 264	657.629 167	…	675.017 668	669.352 941	664.742 333
北京大学	662.169 717	653.086 116	646.217 469	…	657.943 231	647.438 272	653.195 701
中国科学技术大学	649.917 553	631.515 873	637.829 016	…	648.400 000	633.673 469	642.332 882
浙江大学	646.584 775	629.181 495	632.155 280	…	638.600 000	653.500 000	635.590 120
上海交通大学	646.889 306	629.036 697	632.233 684	…	631.875 000	642.674 419	633.169 404
中国人民大学	640.159 314	627.393 035	625.064 384	…	635.713 656	638.116 183	633.052 976
北京航空航天大学	635.663 944	624.007 667	623.360 825	…	648.804 979	NaN	630.128 554
南京大学	631.237 449	614.107 311	620.071 151	…	620.747 024	622.833 333	626.109 168
复旦大学	634.895 095	616.462 908	618.822 943	…	636.363 636	632.337 500	625.172 840
南开大学	632.381 818	620.860 936	615.776 062		621.307 692	618.685 714	623.895 891

⑥：将 "2016" "2017" 列的数据提取后保存到变量 school_score_sort_2year 中。

⑦：创建一个名为 " 高校录取分数线 TOP10" 的绘图窗口。

⑧：school_score_sort_2year.plot( ) 表示使用基本绘图函数 plot( ) 对数据 school_score_sort_2year 绘图。kind='bar' 表示图形的类型为柱状图。color=['magenta', 'blueviolet'] 表示柱状图的颜色，其中 'magenta' 表示第一列数据即 2016 年的颜色，'blueviolet' 表示第二列数

据即 2017 年的颜色。edgecolor='black' 表示边框颜色为黑色。得到的柱状图如图 8-1-2 所示。

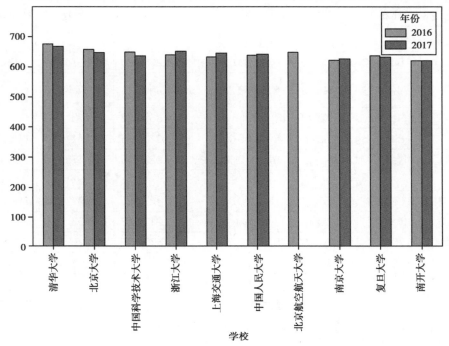

图 8-1-2 排名前 10 的高校 2016 年及 2017 年录取分数柱状图

⑨：设置柱状图的标题样式，其文本为 " 高校录取分数线 TOP10"，字号为 16 号。mp.xlabel(" 学校 ", fontsize=12) 表示设置 x 坐标的标签样式，标签为 " 学校 "，字号为 12 号。mp.ylabel(" 分数 ", fontsize=12) 表示设置 y 坐标的标签样式，标签为 " 分数 "，字号为 12 号。mp.ylim(0, 850) 表示设置 y 坐标值的范围（0~850），修改后的柱状图如图 8-1-3 所示。

⑩：自动旋转 x 坐标轴刻度标签使之更加美观。

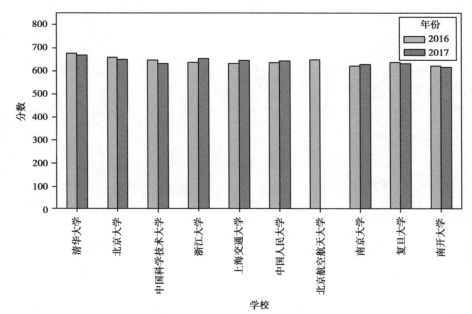

图 8-1-3 柱状图添加了标题及 Y 轴刻度

一展身手

文件"pydata\项目八\movies.csv"中有部分电影数据，数据包含电影名称、导演、编剧、主演、豆瓣评分等数据，内容见表 8-1-6。请统计表中"制片国家/地区"列中"中国大陆"的影片，按"导演"分组计算电影的平均评分，输出评分最高的前 10 位导演的评分数据并使用柱状图对数据进行可视化展示，结果见表 8-1-7 和图 8-1-4。

表 8-1-6 movies.csv 表中的部分数据

电影名称	导演	编剧	主演	类型	制片国家/地区	...	豆瓣评分
比得兔	威尔·古勒	威尔·古勒/罗伯·列博/碧翠丝·波特	詹姆斯·柯登/多姆纳尔·格里森/萝丝·拜恩/...	喜剧/动画/冒险	美国/英国/澳大利亚	...	7.1
龙门飞甲	徐克	徐克/何冀平/朱雅欐	李连杰/周迅/陈坤/李宇春/...	剧情/动作/武侠/古装	中国大陆/中国香港	...	6.7
移动迷宫2	韦斯·鲍尔	T.S.诺林/詹姆斯·达什纳	迪伦·奥布莱恩/卡雅·斯考达里奥/托马斯·布罗迪-桑斯特/...	动作/科幻/冒险	美国	...	6.0
...	...	...	...	...	...	...	...
一步之遥	姜文	姜文/郭俊立/王朔/廖一梅/述平/阎云飞/孙悦/孙睿/于彦琳	姜文/葛优/周韵/舒淇/...	剧情/喜剧/动作	中国大陆/美国/中国香港	...	6.6
功夫瑜伽	唐季礼	唐季礼	成龙/李治廷/张艺兴/索努·苏德/母其弥雅/...	喜剧/动作/冒险	中国大陆/印度	...	5.0
名侦探柯南：零的执行人	立川让	樱井武晴/青山刚昌	高山南/山崎和佳奈/小山力也/山口胜平/林原惠美/...	动画/悬疑	日本	...	5.7

表 8-1-7 导演评分 TOP10

导演	豆瓣评分
方荧	9.2
王树忱	9.2
贝纳尔多·贝托鲁奇	9.2
郭宝昌	9.2
王君正	9.1
严定宪	9.0
吴贻弓	8.9
王昕	8.9
谢添	8.8
原雅轩	8.7

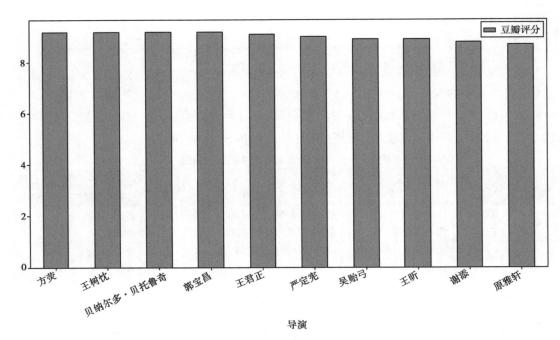

图 8-1-4   导演评分 TOP10

活动二 统计文理科历年平均录取分数和最高录取分数

【问题描述】

利用 2007—2017 年全国部分高校的录取数据（"school.csv"），对所有学校各年的文理科录取分数进行统计，分文理科求各年平均分的平均值和最高分的最大值，然后对数据使用折线图进行可视化展示。

• 输出结果：

输出结果见表 8-1-8 和图 8-1-5。

表 8-1-8   文理科录取分数统计表

年份	文科最高分	理科最高分	文科平均分	理科平均分
2007	922.0	935.0	608.514 698	624.225 057
2008	962.0	938.0	606.258 122	618.223 759
2009	929.0	939.0	583.196 112	599.265 257
2010	929.0	939.0	586.286 123	601.421 951
2011	930.0	937.0	589.928 152	607.697 168
2012	913.0	920.0	600.072 553	602.105 313
2013	913.0	900.0	593.982 100	601.768 359

续表

	文科最高分	理科最高分	文科平均分	理科平均分
年份				
2014	876.0	888.0	598.288 899	605.737 067
2015	905.0	892.0	598.675 602	609.066 026
2016	706.0	720.0	585.795 933	607.985 594
2017	680.0	715.0	591.062 164	593.398 057

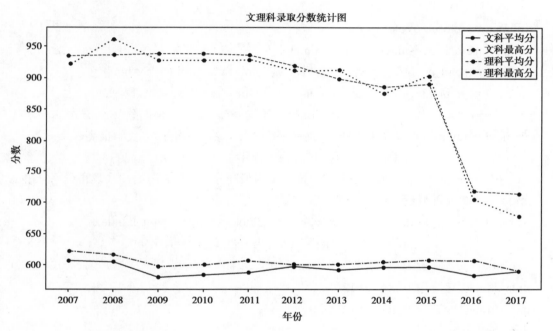

图 8-1-5 文理科录取分数统计图

【题前思考】

根据问题描述，填写表 8-1-9。

表 8-1-9 问题分析

问题描述	问题解答
本问题中，需要计算文理科平均分的平均值、最高分的最大值，使用 pivot_table( ) 函数分析数据时，行索引和列索引分别是什么	
按题目要求，对"平均分"列进行什么操作，对"最高分"列进行什么操作？如何将不同操作应用到不同列	
因为要对两列进行不同的操作，你认为结果数据框的列索引应该是什么	
怎么从数据透视表中得到所需要的数据列	
在图形可视化过程中，折线图的参数是什么？x 坐标标签和 y 坐标标签分别是什么	

【操作提示】

首先需要使用透视表分析原数据，在分析数据时，行索引是"年份"，列索引是"文理科"，值为"最高分"和"平均分"。用 pivot_table( ) 函数的 aggfun 参数以字典形式指定对"最高分"求最大值，对"平均分"求平均值。得到的结果表的列索引是一个两级索引，第一级包括"平均分"和"最高分"两项，第二级包括"文科""理科"和"综合"三项，通过直接赋值将其转换为简单索引。最后对数据框进行可视化，绘制折线图。

【程序代码】

```
import pandas as pd
import matplotlib.pyplot as mp
mp.rcParams['font.sans-serif'] = ['SimHei']
data = pd.read_csv(r"D:\pydata\ 项目八 \school.csv", engine='python')
subject = pd.pivot_table(data=data, index=' 年份 ', columns=' 文理科 ',
      values=[' 平均分 ', ' 最高分 '], aggfunc={' 平均分 ':'mean',' 最高分 ':'max'})      ①
subject.columns = [' 文科平均分 ', ' 理科平均分 ', ' 综合平均分 ', ' 文科最高分 ',
               ' 理科最高分 ', ' 综合最高分 ']                                    ②
subject_wen_li = subject[[' 文科平均分 ', ' 文科最高分 ', ' 理科平均分 ', ' 理科最高分 ']]③
mp.figure(" 文理科近 10 年分数 ")                                                ④
subject_wen_li.plot(kind='line', marker='o', xticks=subject_wen_li.index,
               style=["k-","k:","k-.","k--"],figsize=(16,9))                     ⑤
mp.title(" 文理科近 10 年分数 ", fontsize=16)                                    ⑥
mp.xlabel(" 年份 ", fontsize=12)
mp.ylabel(" 分数 ", fontsize=12)
mp.show( )
```

【代码分析】

①：使用 pivot_table( ) 函数对 data 数据进行分析，其中行索引为 index=' 年份 '，列索引为 columns=' 文理科 '；值选择"平均分""最高分"这两列的数据（values=[' 平均分 ', ' 最高分 ']），对"最高分"求最大值，对"平均分"求平均值（aggfunc={' 平均分 ':'mean',' 最高分 ':'max'}），将得到的数据保存到变量 subject 中，得到的数据见表 8-1-10。我们发现，从 2009 年开始综合平均分和综合最高分部分数据是缺失的（在源数据表中没有此数据）。

表 8-1-10   读取文件后得到的数据

文理科	平均分			最高分		
	文科	理科	综合	文科	理科	综合
年份						
2007	608.514 698	624.225 057	641.419 492	922.0	935.0	704.0
2008	606.258 122	618.223 759	367.488 027	962.0	938.0	669.0
2009	583.196 112	599.265 257	NaN	929.0	939.0	NaN

续表

文理科 年份	平均分			最高分		
	文科	理科	综合	文科	理科	综合
2010	586.286 123	601.421 951	NaN	929.0	939.0	NaN
2011	589.928 152	607.697 168	NaN	930.0	937.0	NaN
2012	600.072 553	602.105 313	NaN	913.0	920.0	NaN
2013	593.982 100	601.768 359	NaN	913.0	900.0	NaN
2014	598.288 899	605.737 067	NaN	876.0	888.0	NaN
2015	598.675 602	609.066 026	NaN	905.0	892.0	NaN
2016	585.795 933	607.985 594	NaN	706.0	720.0	NaN
2017	591.062 164	593.398 057	NaN	680.0	715.0	NaN

②：修改列索引，将原两级索引改为简单索引。将列表赋给 subject.columns，相当于直接替换列索引，替换之后各列的名称就变为列表中的项，结果见表 8-1-11。

表 8-1-11 替换列索引之后的数据框

年份	文科平均分	理科平均分	综合平均分	文科最高分	理科最高分	综合最高分
2007	608.514 698	624.225 057	641.419 492	922.0	935.0	704.0
2008	606.258 122	618.223 759	367.488 027	962.0	938.0	669.0
2009	583.196 112	599.265 257	NaN	929.0	939.0	NaN
2010	586.286 123	601.421 951	NaN	929.0	939.0	NaN
2011	589.928 152	607.697 168	NaN	930.0	937.0	NaN
2012	600.072 553	602.105 313	NaN	913.0	920.0	NaN
2013	593.982 100	601.768 359	NaN	913.0	900.0	NaN
2014	598.288 899	605.737 067	NaN	876.0	888.0	NaN
2015	598.675 602	609.066 026	NaN	905.0	892.0	NaN
2016	585.795 933	607.985 594	NaN	706.0	720.0	NaN
2017	591.062 164	593.398 057	NaN	680.0	715.0	NaN

③：取 subject 对象中"文科平均分""文科最高分""理科平均分""理科最高分"4 列数据，保存到变量 subject_wen_li 中。

④：创建一个名为"文理科近 10 年分数"的绘图窗口。

⑤：使用基本绘图函数 plot( ) 绘图，kind='line' 表示类型为折线图。marker='o' 表示折线图上数据点的形状，'o' 表示是圆形。xticks=subject_wen_li.index 表示 x 坐标序列是 index 索引。

⑥：设置折线图的标题及字号。

一展身手

根据表 8-1-12 中的数据，请对"豆瓣评分"大于 8 的高分影片，按"制片国家 / 地区"统计影片的数量，输出数量最多的前 10 个地区，并使用饼图对各制片国家 / 地区的数据可视化，完成后的饼图如图 8-1-6 所示。

表 8-1-12　高分影片数量 TOP10

	各地区电影数量
日本	322
美国	317
中国大陆	133
法国	126
英国	115
中国香港	83
德国	50
中国台湾	46
意大利	42
韩国	38

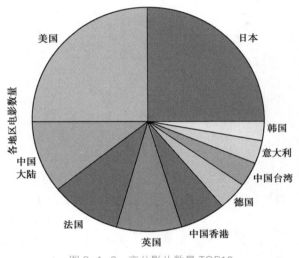

图 8-1-6　高分影片数量 TOP10

任务二　使用分组统计数据

活动一　统计各专业历年平均录取分数

【问题描述】

利用 2007—2017 年全国高校的录取数据（"school.csv"），统计历年来各专业的录取平均分，输出录取平均分最高的前 10 个专业并使用柱状图进行可视化展示。

● 输出结果：

输出结果如图 8-2-1 所示。

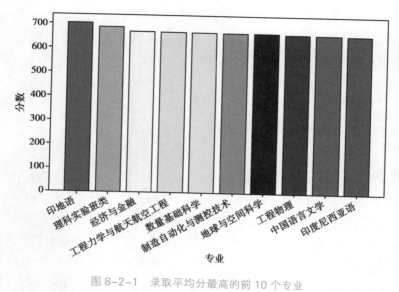

图 8-2-1 录取平均分最高的前 10 个专业

【题前思考】

根据问题描述，填写表 8-2-1。

表 8-2-1 问题分析

问题描述	问题解答
统计历年来各专业的录取平均分，需要对数据按"专业"进行分组计算，使用哪一个函数对数据进行分组计算	
使用哪一个函数对数据进行排序？本活动中排序的键是什么	
使用什么方法获取录取分数线最高的前 10 条数据	
在图形可视化过程中，柱状图的参数是什么？x 坐标标签和 y 坐标标签分别是什么	
使用什么方法填充柱状图的颜色	

【操作提示】

首先需要计算历年来各专业的录取平均分数，先对数据按"专业"进行分组，再对各专业的录取平均分求平均值。使用降序排序数据后，再使用切片取前 10 条数据。最后使用 pyplot 可视化数据。

【程序代码】

```
import pandas as pd
import matplotlib.pyplot as mp
mp.rcParams['font.sans-serif'] = ['SimHei']
data = pd.read_csv(r"D:\pydata\ 项目八 \school.csv", engine='python')
major = data.groupby(by=' 专业 ').agg({" 平均分 ": 'mean'}).sort_values(by=' 平均分 ',
ascending=False)[:10]                                                        ①
mp.figure(" 专业分数 TOP10", figsize=(16,9))                                   ②
```

```
color = mp.get_cmap('hsv', len(major))(range(len(major)))
mp.bar(major.index, major[' 平均分 '], color=color, edgecolor='black')
mp.title(" 专业分数 TOP10", fontsize=16)
mp.xlabel(" 专业 ", fontsize=12)
mp.ylabel(" 分数 ", fontsize=12)
mp.gcf().autofmt_xdate()
mp.show()
```

③
④
⑤

⑥

【代码分析】

①：major = data.groupby(by=' 专业 ').agg({" 平均分 ": 'mean'}) 表示对 data 按 "专业" 分组后求平均值，groupby() 的功能是分组，分组键为 "专业"；agg() 方法是一种聚合方法，它可以一次性求出不同字段的不同统计指标，在这里一次性求出 "平均分" 所在列的平均值；分组求平均值后的数据见表 8-2-2。sort_values(by=' 平均分 ', ascending=False)[:10] 表示以 "平均分" 为键对数据框降序排序后取前 10 条记录，ascending=False 是排序的方式，[:10] 是对数据框进行切片，得到的数据见表 8-2-3。

表 8-2-2   按 "专业" 分组求平均数得到的数据

专业	平均分
世界历史	600.600 000
世界史	604.666 667
中医学类	591.458 333
中国共产党历史	628.681 818
中国少数民族语言文学	560.659 091
...	...
食品质量与安全	588.815 085
高分子材料与工程	604.579 802
高分子材料与科学	640.333 333
高分子材料加工工程	590.052 632
麻醉学	588.216 867

表 8-2-3   录取平均分最高的数据

专业	平均分
印地语	701.000 000
理科实验班类	685.933 333
经济与金融	668.041 812
工程力学与航天航空工程	666.963 636
数理基础科学	666.452 381
制造自动化与测控技术	665.766 917
地球与空间科学	662.485 714
工程物理	662.104 651
中国语言文学	660.428 571
印度尼西亚语	657.200 000

②：创建一个名为 "专业分数 TOP10" 的绘图窗口。

③：get_cmap() 是函数，作用是根据颜色映射的名称取得指定数量的不同颜色创建一个 Colormap(颜色映射) 类对象。此处，创建一个颜色映射的名称为 "hsv"， 颜色数量为 len(major) 的 Colormap 类对象，如图 8-2-2 所示。

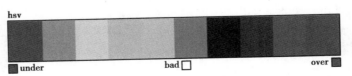

图 8-2-2   mp.get_cmap('hsv', len(major)) 取得的颜色映射对象

　　该对象是一个可调用对象，也就是说可以将对象名称当成函数名，将参数传给它进行调用，参数 range(len(major)，指出取颜色映射表中第 0—9 个颜色组成一个数组，数组中的每个颜色以 RGBA 的四元组的形式表示，各项值的范围是 [0, 1] 依次表示红色 (Red)、绿色 (Green)、蓝色 (Blue) 和透明度 (Alpha)，最后取得的颜色如下：

array([[1.00000000e+00, 0.00000000e+00, 0.00000000e+00, 1.00000000e+00],
　　　　[1.00000000e+00, 6.56250656e-01, 0.00000000e+00, 1.00000000e+00],
　　　　[6.87498687e-01, 1.00000000e+00, 0.00000000e+00, 1.00000000e+00],
　　　　[3.12493437e-02, 1.00000000e+00, 1.31250131e-06, 1.00000000e+00],
　　　　[0.00000000e+00, 1.00000000e+00, 6.24999081e-01, 1.00000000e+00],
　　　　[0.00000000e+00, 7.18752625e-01, 1.00000000e+00, 1.00000000e+00],
　　　　[0.00000000e+00, 6.25019688e-02, 1.00000000e+00, 1.00000000e+00],
　　　　[5.93748687e-01, 0.00000000e+00, 1.00000000e+00, 1.00000000e+00],
　　　　[1.00000000e+00, 0.00000000e+00, 7.50000656e-01, 1.00000000e+00],
　　　　[1.00000000e+00, 0.00000000e+00, 9.37500000e-02, 1.00000000e+00]]])

matplotlib 模块中提供了很多颜色映射，部分颜色映射图如图 8-2-3 所示。

图 8-2-3　部分颜色映射图

　　④：绘制柱状图。行索引为 major.index，即专业名称；列索引是 major[' 平均分 ']，即专业的录取平均分，柱状图的颜色是 color，边框颜色为 'black'。

　　⑤：设置柱状图的标题及字号。

　　⑥：自动将 x 坐标刻度标签旋转到合适位置，文字顶端对齐。

一展身手

现有 8 000 余条电影数据 "movies.csv"，内容见表 8-1-6。统计表中各地区自 2010 年来所有影片的平均得分，输出平均得分最高的 10 个地区，见表 8-2-4，最后对得分最高的前 10 条数据使用柱状图进行可视化展示，如图 8-2-4 所示。

表 8-2-4   各地区电影评分平均分 TOP10

地区	得分
奥地利	9.500
突尼斯	8.400
蒙古	8.400
黎巴嫩	8.225
巴勒斯坦	8.200
爱沙尼亚	8.200
斯洛伐克	8.100
波黑	8.100
马其顿	8.100
格鲁吉亚	8.050

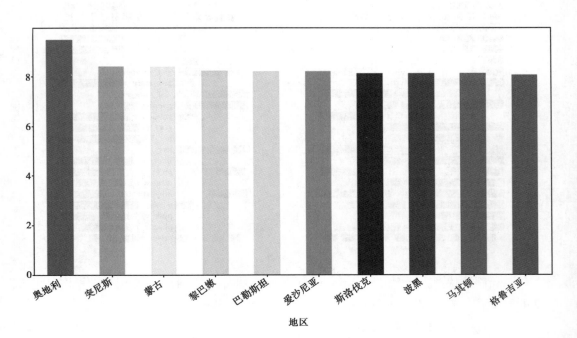

图 8-2-4   各地区电影评分平均分 TOP10

活动二 统计各地区最高录取分数的平均值

微课

【问题描述】

利用 2007—2017 年全国部分高校的录取数据（"school.csv"），按"考生地区"分组统计 2016 年全国各地区高校的录取最高分的平均值，使用柱状图可视化数据。

- 输出结果：

输出结果见表 8-2-5 和图 8-2-5。

表 8-2-5　各地区录取最高分平均值

考生地区	最高分
河北	654.234 652
北京	647.129 944
山东	644.476 526
重庆	639.820 621
四川	635.562 427
云南	632.557 823
陕西	630.983 776
辽宁	628.917 614
河南	626.053 409
安徽	625.475 610
黑龙江	623.632 011
贵州	618.135 484
广西	616.407 153
湖北	615.985 915
湖南	615.985 915
江西	613.198 675
山西	605.059 367
福建	602.557 616
广东	599.190 231
宁夏	587.973 236
青海	561.598 425
江苏	386.433 943

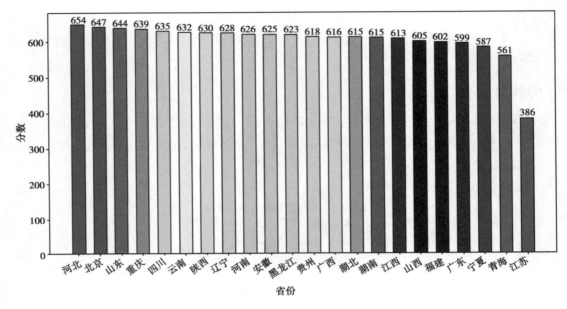

图 8-2-5　各地区录取最高分平均值

【题前思考】

根据问题描述，填写表 8-2-6。

表 8-2-6　问题分析

问题描述	问题解答
要筛选 2016 年各地区的最高录取分，筛选的表达式该如何书写？筛选的是哪两列的数据	
数据筛选后需要对数据进行分组计算，groupby（）中的分组键是什么	
使用哪一个函数来计算平均录取分	
分析柱状图的颜色，使用什么方法来填充柱状图的颜色	

【操作提示】

需要先使用 loc 筛选出 2016 年的录取数据，然后对 2016 年的数据按"考生地区"进行分组计算"最高分"的平均值，再对数据按降序排序，最后再绘制图形。

【程序代码】

```
import pandas as pd
import matplotlib.pyplot as mp
mp.rcParams['font.sans-serif'] = ['SimHei']
data = pd.read_csv(r"D:\pydata\ 项目八 \school.csv", engine='python')
area_high = data.loc[data[' 年份 '] == 2016, [' 考生地区 ', ' 最高分 ']]          ①
area_high_sort = area_high.groupby(by=' 考生地区 ').mean( ).sort_values(by=' 最高分 ',
ascending=False)                                                              ②
```

```
print(area_high_sort)
mp.figure("各地区录取最高分平均值",figsize=(16,9))                                                    ③
color = mp.get_cmap('gist_rainbow', len(area_high_sort))(range(len(area_high_sort)))④
mp.bar(area_high_sort.index, area_high_sort['最高分'], 0.6,color=color, edgecolor='black')⑤
for a, b in enumerate(area_high_sort['最高分'].values):
    mp.text(a, b, '%d' % b, va='bottom', ha='center', fontsize=9)                            ⑥
mp.title("各省份录取分数线", fontsize=16)
mp.xlabel("省份", fontsize=12)
mp.ylabel("分数", fontsize=12)                                                                 ⑦
mp.gcf().autofmt_xdate()                                                                      ⑧
mp.show()
```

【代码分析】

①：data.loc [index,column] 是筛选数据，第一个参数是行索引，data[' 年份 '] == 2016 即筛选出年份为 2016 的所有行；第二个参数是列索引，即筛选 [' 考生地区 ', ' 最高分 '] 两列数据，得到的数据见表 8-2-7。

表 8-2-7　筛选后得到的数据

	考生地区	最高分
0	广西	548
1	广西	583
2	广西	582
3	广西	585
4	广西	585
…	…	…
233423	河北	713
233424	河北	715
233425	河北	717
233426	河北	715
233427	河北	718

②：area_high.groupby(by=' 考生地区 ').mean() 按"考生地区"对数据进行分组，对最高分所在列的数据求平均值，得到的数据见表 8-2-8。sort_values(by=' 最高分 ', ascending=False) 是对数据进行降序排序，得到的数据见表 8-2-9。

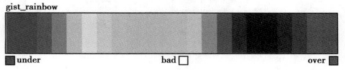

表 8-2-8　分组计算后的数据		表 8-2-9　排序后的数据	
考生地区	最高分	考生地区	最高分
云南	632.557 823	河北	654.234 652
北京	647.129 944	北京	647.129 944
四川	635.562 427	山东	644.476 526
宁夏	587.973 236	重庆	639.820 621
安徽	625.475 610	四川	635.562 427
…	…	…	…
辽宁	628.917 614	福建	602.557 616
重庆	639.820 621	广东	599.190 231
陕西	630.983 776	宁夏	587.973 236
青海	561.598 425	青海	561.598 425
黑龙江	623.632 011	江苏	386.433 943

③：创建一个名为"各地区录取最高分平均值"的 16 英寸宽、9 英寸高的绘图窗口。

④：get_cmap( ) 表示取得颜色映射的函数返回值为 Colormap 类对象，'gist_rainbow' 是颜色映射的名字，其数量量是 len(area_high_sort)。得到的 Colormap 对象如图 8-2-6 所示。

图 8-2-6　gist_rainbow 颜色映射对象 (Colormap)

Colormap 类对象是可调用对象，这里以 range(len(area_high_sort)) 为参数调用它，range(len(area_high_sort)) 表示要取得的颜色在颜色映射表中的下标。调用返回一个数组 (Array)，其中的每一个元素是四元组表示的 RGBA 颜色，4 个项分别表示红色 (Red)、绿色 (Green)、蓝色 (Blue) 和透明度 (Alpha)，结果如下：

```
array([[1.        , 0.        , 0.16      , 1.        ],
       [1.        , 0.0952381 , 0.        , 1.        ],
       [1.        , 0.35263835, 0.        , 1.        ],
       [1.        , 0.61003861, 0.        , 1.        ],
       [1.        , 0.86743887, 0.        , 1.        ],
       [0.87516088, 1.        , 0.        , 1.        ],
       [0.61776062, 1.        , 0.        , 1.        ],
       [0.36036036, 1.        , 0.        , 1.        ],
       [0.1029601 , 1.        , 0.        , 1.        ],
       [0.        , 1.        , 0.15360983, 1.        ],
       [0.        , 1.        , 0.40962622, 1.        ],
       [0.        , 1.        , 0.6656426 , 1.        ],
```

```
        [0.      , 1.        , 0.92165899, 1.        ],
        [0.      , 0.82039337, 1.        , 1.        ],
        [0.      , 0.5615942 , 1.        , 1.        ],
        [0.      , 0.30279503, 1.        , 1.        ],
        [0.      , 0.04399586, 1.        , 1.        ],
        [0.21480331, 0.      , 1.        , 1.        ],
        [0.47360248, 0.      , 1.        , 1.        ],
        [0.73240166, 0.      , 1.        , 1.        ],
        [0.99120083, 0.      , 1.        , 1.        ],
        [1.      , 0.      , 0.75      , 1.        ]])
```

部分颜色映射图如图 8-2-7 所示。

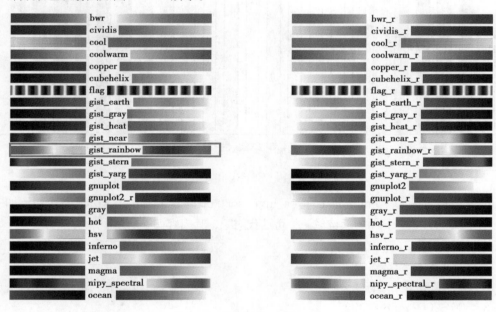

图 8-2-7　部分颜色映射图

⑤：绘制柱状图。行索引为 area_high_sort.index，即考生地区； 列索引是 area_high_sort[' 最高分 ']，即录取最高分；间距为 0.6；柱状图的颜色是 color，边框颜色为 'black'，得到的图形如图 8-2-8 所示。

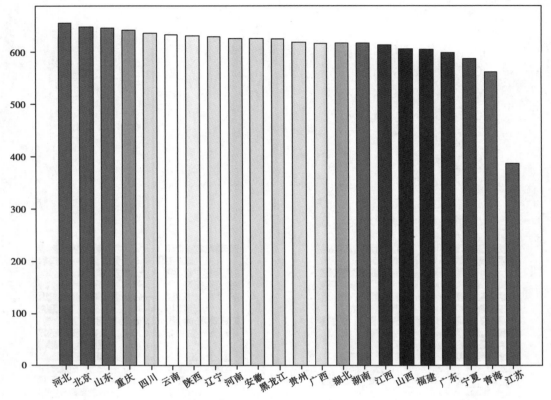

图 8-2-8　各地区录取最高分平均值

⑥：添加数据标签。enumerate(area_high_sort[' 最高分 '].values) 表示为每个值添加序号构成一个元组，以这些元组为项构成一个可迭代对象，其内容如下所示。

(0, 654.2346521145976),

(1, 647.1299435028249),

(2, 644.4765258215963),

(3, 639.8206214689266),

(4, 635.5624270711785),

(5, 632.5578231292517),

(6, 630.9837758112094),

(7, 628.9176136363636),

(8, 626.0534090909091),

(9, 625.4756097560976),

(10, 623.6320109439124),

(11, 618.1354838709677),

(12, 616.4071526822559),

(13, 615.9859154929577),

(14, 615.9859154929577),

(15, 613.19867549668886)

(16, 605.0593667546174),

（17, 602.5576158940397），
（18, 599.1902313624679），
（19, 587.9732360097323），
（20, 561.5984251968504），
（21, 386.4339430894309）

for a, b in enumerate(area_high_sort[' 最高分 '].values) 表示对列表中的每个元组，将两个项依次赋给 a、b，a 表示序号，b 表示值。mp.text(a, b, '%d' % b, va='bottom', ha='center', fontsize=9) 在图表中输出文字，a、b 为坐标，'%d' % b 为输出的文字内容，va='bottom' 表示底端对齐，ha='center' 表示居中对齐，fontsize=9 表示字号为 9。设置后的效果如图 8-2-9 所示。

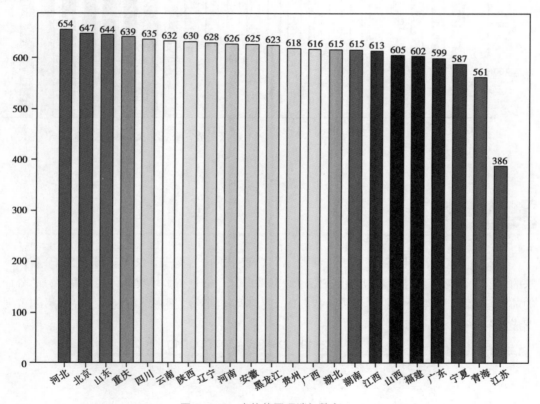

图 8-2-9　在柱状图顶端加数字

⑦：第一条语句是设置柱状图的标题及字号。后两条语句是设置 x 轴、y 轴的样式，完成后的效果如图 8-2-10 所示。

⑧：自动旋转 x 坐标刻度标签至合适位置。

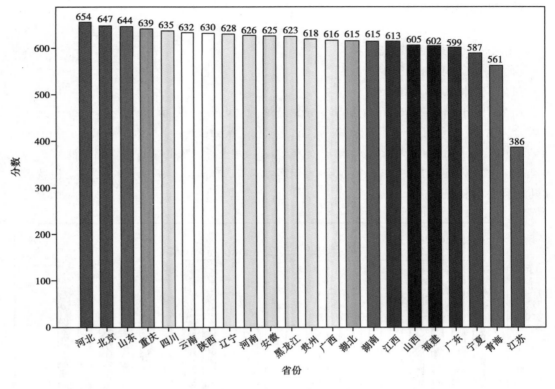

图 8-2-10　加上 x 轴、y 轴及标题样式后的柱状图

一展身手

现有 8 000 余条电影数据 "movies.csv"，表中的内容见表 8-1-6。统计 2010 年以来上映的中国大陆影片，对各编剧的所有影片计算平均分、总分和影片数量，并计算评分总分最高的前 10 个编剧的得分信息，见表 8-2-10，使用柱状图对数据进行可视化。完成后的可视化图形如图 8-2-11 所示。

表 8-2-10　总分最高的编剧 TOP10

	平均分	总分	数量
编剧			
王晶	4.261 538	55.4	13
徐克	5.971 429	41.8	7
张家鲁	6.600 000	39.6	6
邢爱娜	6.516 667	39.1	6
邹静之	6.516 667	39.1	6
黄子桓	5.500 000	38.5	7
张冀	7.340 000	36.7	5
徐浩峰	7.200 000	36.0	5
阿美	6.780 000	33.9	5
郭敬明	4.728 571	33.1	7

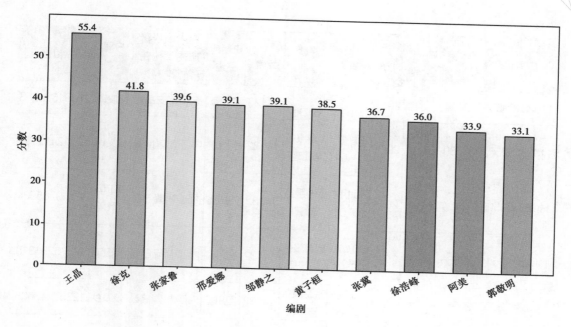

图 8-2-11　总分最高的编剧 TOP10

 项目小结

在分析数据的过程中，要根据需求对数据进行多维度分析。在读取文件的过程中，需要注意文件的所在位置及文件的格式，准确地从文件夹中读取数据。对数据进行分析的过程中，可以使用 groupby( ) 对数据进行分组计算，使用 agg( ) 对数据进行聚合运算，使用 pivot_table( ) 制作数据透视表进行不同维度的分组计算，使用 sort_values( ) 对数据进行排序。为了直观地展现分析结果，使用 Matplotlib 绘制图像，通过 mp.plot( )、mp.subplot( )、mp.bar( )、mp.pie( )、mp.hist( ) 等函数绘制不同类型的图表。在分析数据的过程中，需要仔细分析数据的维度，这样才能得到我们想要的结果。

自我检测

编写程序

现有学生信息统计表"student_info.xlsx"（见表 8-2-11），表中有以下数据（部分），请编写程序分析学生信息表，完成以下几个任务。

表 8-2-11　学生信息统计表

身份证号	姓名	性别	年级	入学年月	修读专业	班级	户籍所在省	户籍所在市	户籍所在县	户籍地址	联系电话
511621199509111130	莫永生	男	2011	2011-09-01	旅游服务与管理	14122	四川省	广安市	岳池县	新民乡	12014192304

续表

身份证号	姓名	性别	年级	入学年月	修读专业	班级	户籍所在省	户籍所在市	户籍所在县	户籍地址	联系电话
511023199505309414	屈超	男	2011	2011-09-01	旅游服务与管理	14123	四川省	资阳市	安岳县	流渡镇	12391602353
511028199502022380	闵小芳	女	2011	2011-09-01	旅游服务与管理	14132	四川省	内江市	隆昌县	仁义镇	12112412197
511028199509102404	邹永婷	女	2011	2011-09-01	旅游服务与管理	14132	四川省	内江市	隆昌县	白市驿镇	12460285604
511028199511128566	翁夏垚	女	2011	2011-09-01	旅游服务与管理	14132	四川省	内江市	隆昌县	新田镇	12276231318
511028199606096966	慕英	女	2011	2011-09-01	旅游服务与管理	14132	四川省	内江市	隆昌县	妙泉乡	12357213608
513030199503253037	匡心鑫	男	2011	2011-09-01	旅游服务与管理	14123	四川省	达州市	渠县	李市镇	12132430933
511602199411079129	瞿会	女	2011	2011-09-01	旅游服务与管理	14132	四川省	广安市	广安区	丰禾镇	12518377890
500383199511088072	左弘杨	男	2011	2011-09-01	旅游服务与管理	14122	重庆市	市辖区	永川区	二郎镇	12187782592
511621199604046947	高敏	女	2011	2011-09-01	旅游服务与管理	14122	四川省	广安市	岳池县	团坝乡	12811132395
511621199606307063	文丽	女	2011	2011-09-01	旅游服务与管理	14123	四川省	广安市	岳池县	吐峪沟乡	12750029498
511622199509282964	屈在艳	女	2011	2011-09-01	旅游服务与管理	14122	四川省	广安市	武胜县	合兴乡	12919158381

1. 根据身份证号码统计各年出生的人数占比，使用饼图对数据进行可视化展示。

2. 统计每年来自各省的学生人数，用柱状图对数据进行可视化展示。

3. 统计各专业男女生人数占比，并绘制图表。

项目评价

任务	标准	配分 / 分	得分 / 分
使用数据透视表统计数据	能描述 pivot_table( ) 函数的功能及各参数的含义	10	
	能使用 pivot_table( ) 函数建立数据透视表	20	
	能使用 plot( ) 方法绘制折线图	10	
	能使用 autofmt_xdate( ) 方法旋转坐标标签	10	
能使用分组统计数据	能描述 groupby( ) 方法的功能及各参数的含义	10	
	能使用 groupby( ) 方法分组统计	20	
	能使用 bar( ) 方法绘制柱状图	10	
	能使用颜色映射表设置颜色	10	
总分		100	

中国大数据产业的"管道工"——华为公司

　　低调的华为公司，是中国大数据产业的"管道工"，在默默打造产业赖以繁荣的基础设施。2014 年，华为公司提出，华为心中的大数据是为互联网传递数据流量的"管道"做铁皮。这些年，华为公司一直在践行这个战略定位，提供弹性云服务器、对象存储服务、软件开发云等云计算服务，以"可信、开放、全球服务"三大核心优势服务全球用户。华为公司帮助企业搭建底层 IT 设施，打好大数据应用的基础，在这上面衍生出大数据存储挖掘、数据可视化以及各式各样的数据应用。华为公司做的是大数据产业中最底层的部分，也是必不可少的部分。